华章 IT

HZBOOKS | Information Technology

U0339159

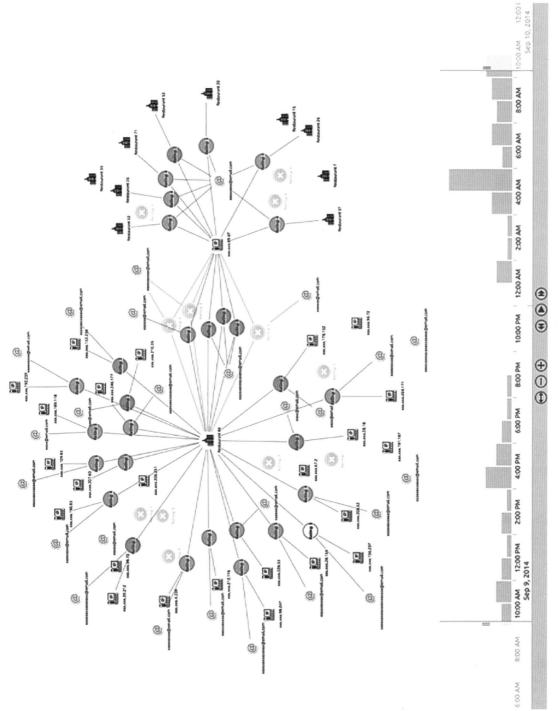

图 2.10　2014 年 9 月 9 日评价 86 餐厅的所有 IP 地址和设备的图示说明

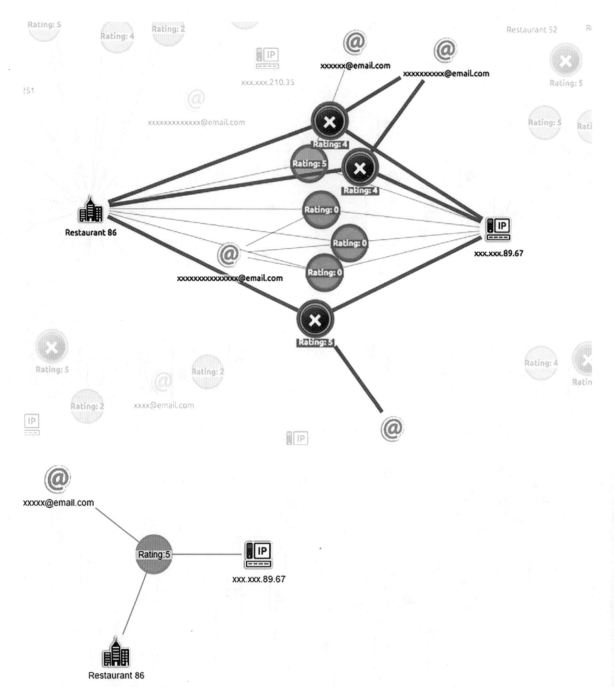

图 2.11　详细查看 86 餐厅的某一条评价。该图显示了 86 餐厅某位顾客的电子邮件地址、IP 地址和五星评级

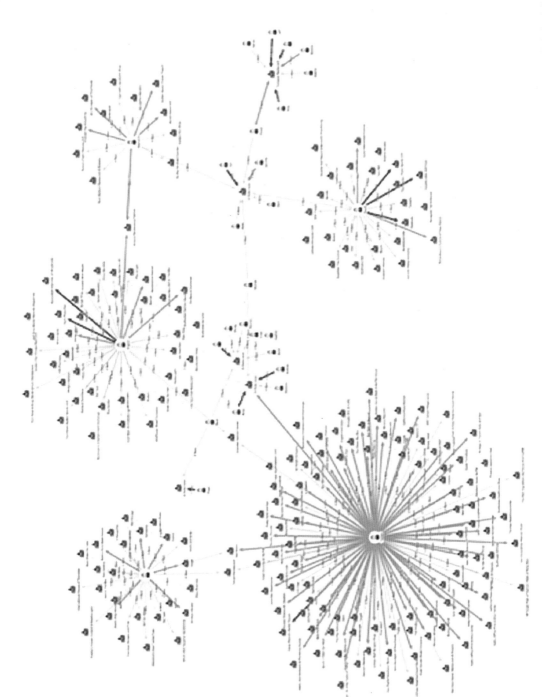

图 2.13　餐厅评价的图形可视化中呈现的模式。数字流行的某些趋势绘制数据的指定发展趋势，例如左下角评价价者可能仅提交好评

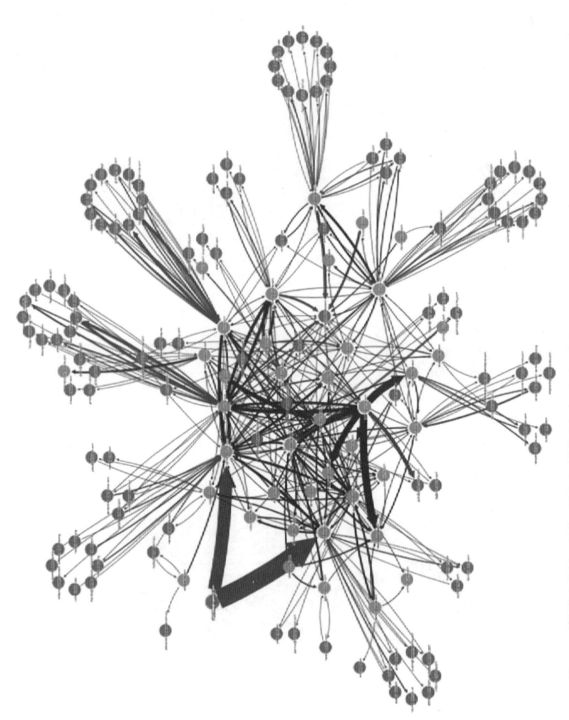

图 2.15 单网络上绘制 IP 链接。图中边（箭箭头越宽流量越大）代表流量；结点颜色代表 IP 地址（绿色内网，红色外网）

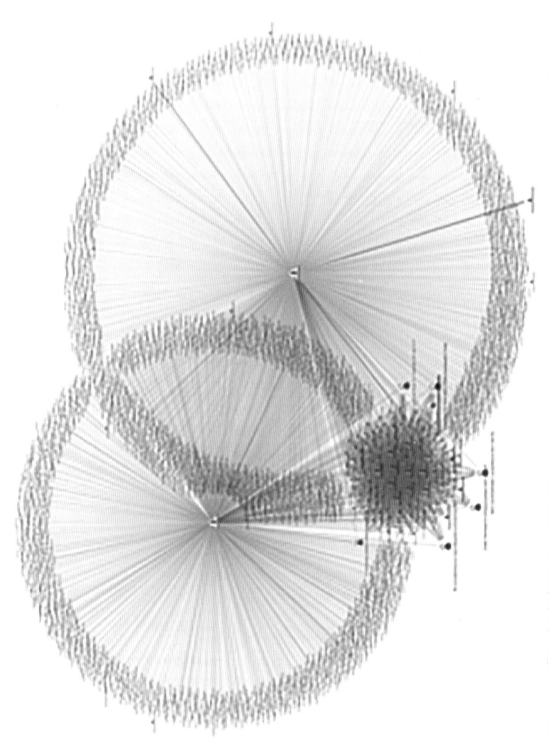

图 2.18　识别被恶意软件感染的机器。黄色链接表示企业 IT 网络中的良性流量；红色链接表明至少有一个感染包的流量。某些机器已经成为高度活跃的机器

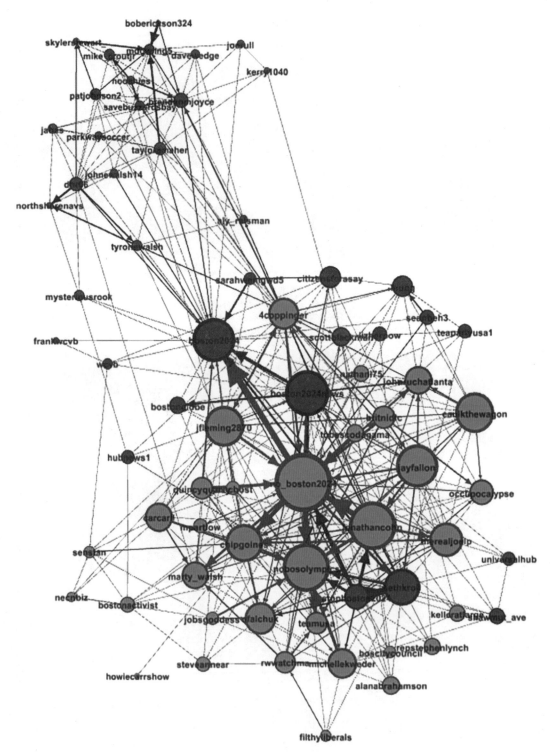

图 3.9 在结点被社区着色后的 Twitter 帖子图。现在通过颜色知道谁属于哪个团体：亲奥运，反奥运，还是中立

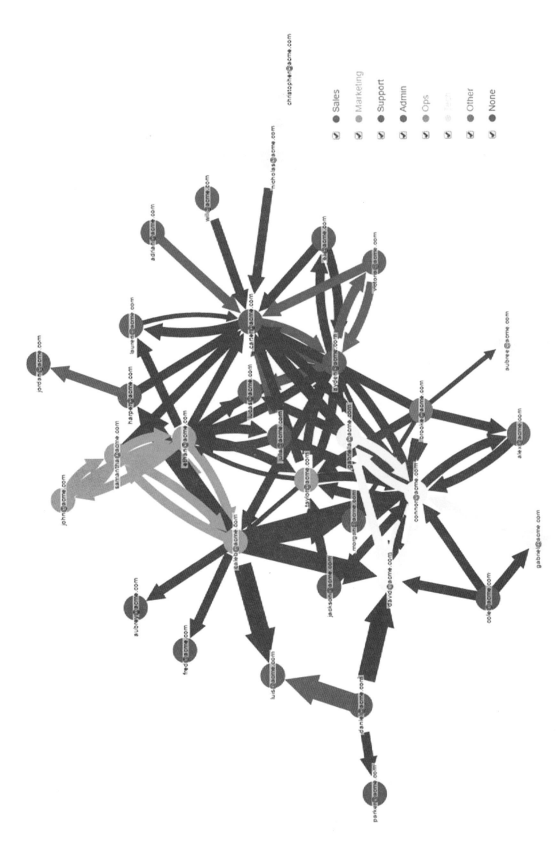

图 5.7　技术公司内部电子邮件图。结点采用部门颜色编码，因此易于查看成员所属部门，并注意各部门之间的广泛关联趋势

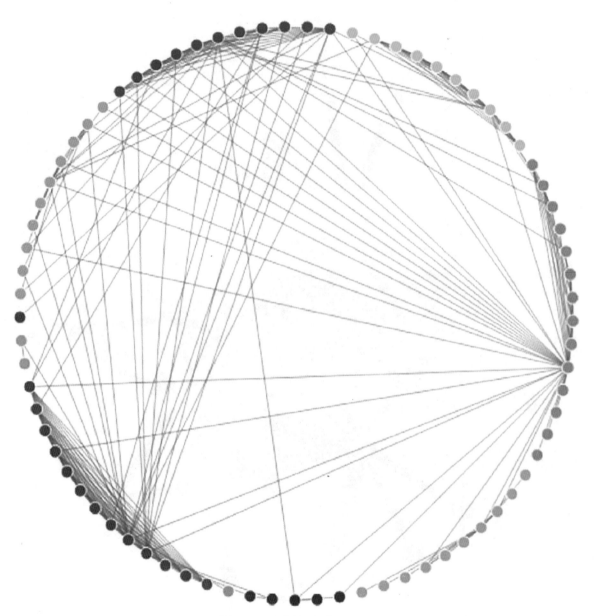

图 7.12　环形布局的合理示例

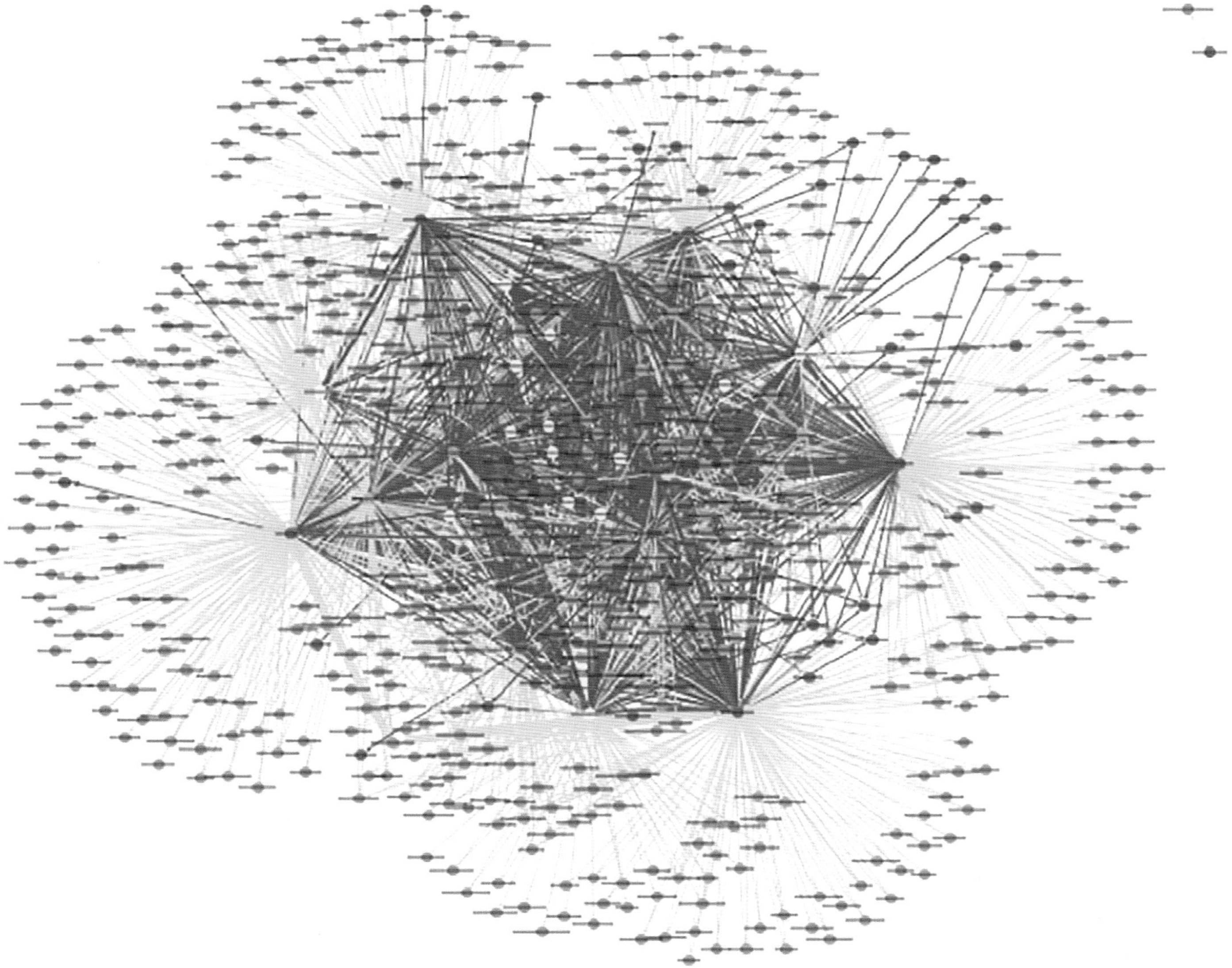

图 8.1 匿名公司内部和外部的电子邮件联系人。内部地址为彩色结点，外部地址为灰色

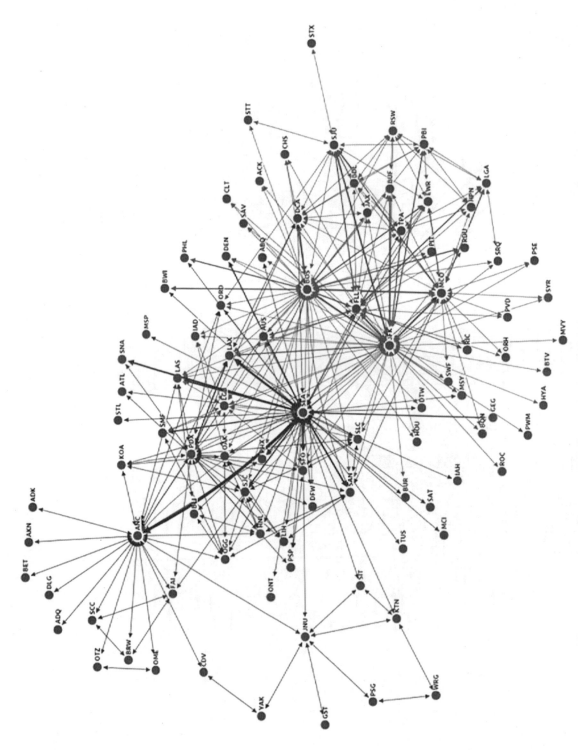

图 8.3　Alaska Airlines 和 JetBlue 的航线图。图上的目的城市表明这两家航空公司之间几乎没有航线重叠

图 9.3　并列图标表明随时间推移不同党派议员间的合作减少了。细看 1993 年和 1995 年国会议员派别：更多共和党人当选议员，这标志着两党之间的合作几乎结束

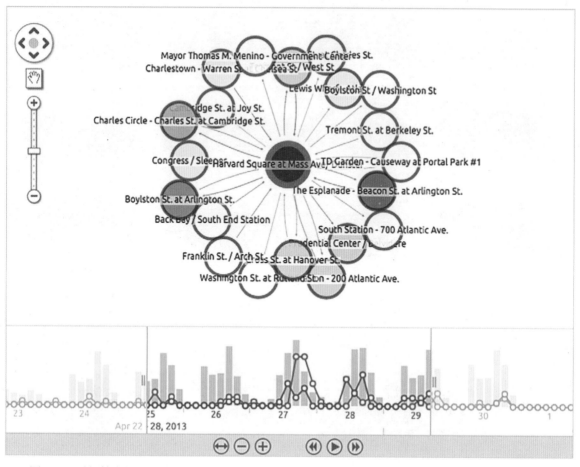

图 9.13　时间轴中的选择线显示来自起始站（绿色）并在该站归还（红色）的自行车交通。这能帮助公司知道应该从某个站点搬运自行车到另一站点来保证某站点租赁时总是有足够的自行车

数据分析与决策
技术丛书

Visualizing Graph Data

图形数据可视化
技术、工具与案例

[美] 科里 L. 拉纳姆（Corey L. Lanum） 著

王贵财 李建国 刘冰 译

机械工业出版社
China Machine Press

图书在版编目（CIP）数据

图形数据可视化：技术、工具与案例 /（美）科里 L. 拉纳姆（Corey L. Lanum）著；王贵财，李建国，刘冰译 . —北京：机械工业出版社，2017.11

（数据分析与决策技术丛书）

书名原文：Visualizing Graph Data

ISBN 978-7-111-58578-7

I. 图… II. ①科… ②王… ③李… ④刘… III. 数据处理 IV. TP274

中国版本图书馆 CIP 数据核字（2017）第 295806 号

本书版权登记号：图字 01-2017-0730

Corey L. Lanum: *Visualizing Graph Data*（ISBN 978-1-61729-307-8）.

Original English edition published by Manning Publications Co., 209 Bruce Park Avenue, Greenwich , Connecticut 06830.

Copyright © 2017 by Manning Publications Co.

All rights reserved.

Simplified Chinese translation edition published by China Machine Press.

Copyright © 2018 by China Machine Press.

本书中文简体字版由 Manning 出版公司授权机械工业出版社独家出版。未经出版者书面许可，不得以任何方式复制或抄袭本书内容。

图形数据可视化：技术、工具与案例

出版发行：机械工业出版社（北京市西城区百万庄大街 22 号　邮政编码：100037）

责任编辑：张志铭	责任校对：殷　虹
印　　刷：中国电影出版社印刷厂	版　　次：2018 年 1 月第 1 版第 1 次印刷
开　　本：186mm×240mm　1/16	印　　张：12.5（含 0.75 印张彩插）
书　　号：ISBN 978-7-111-58578-7	定　　价：59.00 元

凡购本书，如有缺页、倒页、脱页，由本社发行部调换

客服热线：（010）88379426　88361066　　投稿热线：（010）88379604

购书热线：（010）68326294　88379649　68995259　　读者信箱：hzit@hzbook.com

版权所有 · 侵权必究
封底无防伪标均为盗版
本书法律顾问：北京大成律师事务所　韩光 / 邹晓东

图形数据可视化是将数据进行图形化展示的过程，以最大限度地提高可读性并获得更多的洞察信息。但是，这并不意味着一定要实现绚丽多彩的视觉效果与应有尽有的功能模块。为了有效地传达思想概念，美学形式与功能需求应当齐头并进，通过直观地传达数据的关键特征，从而实现对相当稀疏而又复杂的数据集的深入洞察。然而，设计人员往往并不能很好地把握设计与功能之间的平衡，从而创造出华而不实的数据可视化形式，无法达到其主要目的，也就是传达与沟通信息。为此，本书不仅介绍了图形可视化的基本概念，还包含丰富的案例研究。书中所选皆为最实用的技术和工具，而不深入讨论图形绘制的理论细节，旨在理论教你如何理解图形数据、建立图形数据结构以及创建有意义的可视化。

Gephi 是一个支持动态和分层图的交互图形可视化工具。KeyLines 是构建图形可视化最强大的 JavaScript 库，能创建自定义可视化。D3.js 是最流行的可视化库之一，允许将任意数据绑定到 DOM，然后将数据驱动应用到 Document 中。这本引人入胜的书通过前面提到的三种工具实现的精彩示例，向读者展示解决可视化问题并探索复杂数据集的方法。你将发现这些简单而有效的技术可以用来建模数据、处理大数据以及描述时间和空间数据。最后，你将掌握创建有效的可视化的实用技能。

不管是初学者、普通用户还是专家级用户，通过本书都能理解并掌握图形数据可视化技术。为让读者快速掌握核心技术，本书由浅入深讲解大量实例，图文并茂呈现每一步的操作结果，帮助读者更好地掌握图形数据可视化工具。

本书作者科里·拉纳姆（Corey L. Lanum）为世界各地的公司和政府机构构建可视化和分析应用程序，并在可视化图形方面积累了数十年的经验，翻译过程中我们为作者对可视化图形数据的深入掌握和独到见解而惊讶、赞叹。同时这对我们而言也是一个学习与提高的过程。为做到专业词汇权威准确，内容忠实原书，我们查阅了大量资料。但受限于时间和精力，难免存在错误，恳请读者及时指出，以便再版时予以更正。

翻译分工如下：河南工业大学信息学院王贵财负责 1～8 章以及附录，李建国负责第 9 章，中国兵器科学研究院刘冰负责第 10 章。

本书的翻译得到了以下资助：河南省高校科技创新团队支持计划——面向领域大数据的分布式计算技术（17IRTSTHN011），河南省高等学校重点科研项目资助计划（18A430011），河南工业大学校科研基金——青年支持计划（2016QNJH29）。

特别感谢机械工业出版社的编辑为本书出版所付出的辛勤劳动。感谢家人对我们的支持与鼓励。

大学刚毕业时，我的第一份工作是在一家情报机构担任承包商，用 Visual Basic 构建桌面应用程序，将数据库连接到前台。在这个行业我工作了近 20 年，尽管技术不断变化，但理解嵌入在大量数据间的关系这一问题却变得更加迫切。现在市场中真正需要的便是快速、有效、优雅地理解数据。

越来越多的组织每天收集更多的数据用于更多目标，而不再是分析团队在整个职业生涯中对其进行解析。过去只有大型政府机构处理这一数量级的数据，而现在连小规模的公司都在收集海量信息。大数据不再仅仅是政府职权。

行业面临的最大问题是收集的数据太多，而且大部分数据都无关紧要。因此你如何能看到森林里的树呢？

图形可视化是能够在大数据中识别模式的许多顶级工具之一，非常适合帮助大众了解数据中发生了什么、如何处理以及如何做出明智决定。如果你不根据数据做出决定，那么为什么要收集数据呢？

随着过去十年人们对图形数据库的兴趣激增，可视化数据已成为利用这些数据库的潜力并显著增加其价值的有力途径。通过当前的图形可视化技术，零售网站轻松地清除虚假评价，保险机构更快地发现可疑索赔，航空公司有效地简化航线，荷兰政府甚至使用可视化管理运河系统。图形数据可视化的应用很多，随着大数据不断扩大，这个行业也将获得巨大的发展。

我经常受邀参加世界各地的会议，讨论可视化图形的技术。Manning 出版社建议我把讲稿编著成书，向更多的人分享这些经验。随着编写工作的开展，本书逐步完善，最终成为图形可视化的入门书，并介绍了一些用来处理图形数据的工具。这个领域很有趣，而且可视化往往既美观又有用，我很高兴与读者分享。

　　本书中选择使用 KeyLines 和 Gephi 有两个重要原因。Gephi 是一个免费的开源工具,易使用且能快速查看自己的数据。尽管用户界面差强人意,但它是数据科学家的标准工具,并且随着每次发布而变得更加强大。至于 KeyLines,我承认或许不够客观:我受雇于 Cambridge Intelligence,该公司开发了 KeyLines。但是 KeyLines 是构建图形可视化最强大的 JavaScript 库,而且因为只做这一件事,所以更易于解释基本的可视化概念。另外有一个附录讨论 D3.js,它虽然有点复杂,但却是一个功能强大的工具。

Acknowledgements 致　　谢

　　感谢妻子 MJ 常常工作至深夜帮助我编辑章节而且专门学习了与她工作不相关的图形知识。向喜欢她的青少年小说《Immersion》系列的粉丝们说声抱歉，我占用了她写作第二和第三部小说的时间，请原谅我。

　　我还要感谢 Manning 团队让我有机会撰写此书，并耐心等待我把它打磨成一部满意的著作。特别是编辑 Cynthia Kane 给予的积极鼓励、建设性批评和应该的责骂，因为我错过了最后交稿期限。如果本书无法达到 Manning 经典作品《Object Oriented Perl》（Damian Conway，1999，Manning 出版）的理想高度，那么我责无旁贷。另外，非常感谢技术审校 Pablo Domínguez Vaselli 确保本书内容和源代码没有任何错误。

　　也感谢 Rodrigo Candido de Abreu、John D. Lewis 等审稿人帮我把本书修改得更出彩。

　　Cambridge Intelligence 的团队也非常给力。我要感谢我的老板和公司创始人 Joe Parry，他给了我编著此书的空间并建立了令人愉快工作场所。在 Java Script 方面，Marco Liberati 是我的榜样，他回答了我关于本书源代码的许多问题。还有 Andrew Disney 对第 2 章案例研究的专业指导。

　　当我刚开始写这本书的时候，我的女儿 Hazel 出生了，所以这本书是献给她的。也许她会学习如何阅读这本书而不是《Where's Spot》。

前　言 *Preface*

本书的主题是图形可视化，它听起来像一个非常难的专业主题，但实际上有广泛的适用性。图形是组织数据的一种有用方式，能帮助我们更好地理解数据中包含的关系。可视化有助于以视觉方式组织该数据。结合这两种方法可让那些不是数据科学家的人更加了解和理解他们的数据。尤其在当今大数据时代，图形可视化更能提高数据价值。本书通过案例分析研究和编码实现来讨论图形可视化的基本原理及其原则。

如果你正阅读本书印刷版，其中插图为灰度图。黑白插图也能说明问题，但要对其全面了解，请阅读本书电子版，或从该书网站下载全部彩色插图：www.manning.com/books/visualizing-graph-data。

本书读者

有兴趣阅读此书的读者可能为数据科学家、工程师或某些专业人士，这些读者拥有数据并想知道嵌入在数据中的关系。他们会受益于本书。这不是一本学术著作，图形学理论博士可能会觉得这些内容有点太基础。本书部分章节提供 JavaScript 代码，但并非只针对 JavaScript 开发人员，因为 Gephi 的实现没有代码。但是如果开发基于 Web 的可视化，则需要读者具备 JavaScript 知识。

本书组织结构

本书分两部分，共有 10 章和 1 个附录。第一部分从高层视角介绍图形，结合案例研究说明图形的重要性并讨论数据导入图形模型的方法。第二部分详细介绍如何构建图形可视化，涵盖相关重要知识点。

第一部分讨论理论层面的图形和图形可视化——为什么要可视化图形？其价值是什么？另外，简要介绍在第二部分中用于构建示例的工具。

第 1 章介绍图形可视化的背景知识并指出它们何时能以恰当方式说明数据。

第 2 章探讨各种案例研究，其中图形可视化在反恐、防范信用卡诈骗、信息安全、在线审查诈骗以及其他政府和私营部门等领域都得到有效应用。

第 3 章介绍图形可视化最常用的软件 KeyLines 和 Gephi。

第二部分详细介绍图形可视化的细节，以及使用 KeyLines 和 Gephi 实现样本数据集具体概念的方法。

第 4 章和第 5 章定义图形可视化的关键术语，并深入介绍图形绘制教程。

第 6 章和第 7 章通过更好的技术来构建美观、整洁、互动的图形（动画、3D 和优化触摸屏），并且布局良好。

第 8 章解决可视化大型数据集的常见问题并解释数据筛选过程。

第 9 章研究可视化连续变化数据的最佳方法以及绘制变化数据的不同图形选项。

第 10 章讨论地图数据的绘制，讲解将位置建模为图形并在地图上叠加图形的方法。

附录简要介绍 D3.js，它是有图形功能的主流可视化库之一。

需要注意，在第二部分中，依次在前几章概念讨论的基础上构建图形可视化示例，所以建议读者先按顺序概览，之后再详细阅读感兴趣的内容。

关于代码

本书包含 KeyLines 和 D3 中构建图形可视化的 JavaScript 代码。在 Manning 的 Git 服务器上公开了全部代码，Cambridge Intelligence 网站页面上也有托管。示例代码使用 KeyLines 3.0 版（适用于后续版本）和 D3 的第 4 版。

大多数源代码已经调整了格式，添加换行符和相关缩进以适应页面排版。也有极少数源代码清单中包括行连续标记（➡）。此外，正文中解释代码时通常会从源代码清单中删除其注释。源代码清单中附带的代码注释用于突出重要概念。

关于原书封面插图

英文原书的封面插图标题为"波斯绅士"。这张图片摘自托马斯·杰夫里斯（Thomas Jefferys）编著的《A Collection of the Dresses of Different Nations，Ancient and Modern》（《各国古今服饰图集》）一书，该书在伦敦于 1757 年至 1772 年出版。书中扉页介绍到，这些都是手工着色的铜版画，并用阿拉伯树胶对表面进行了处理。托马斯·杰夫里斯（1719—1771）被称为"国王乔治三世的地理学家"，他是一名英国制图师，也是那时最主要的地图供应商。他为政府和其他官方机构刻印地图，制作了各种商业地图和地图集，特别是北美地区。地图制作工作让他对所调查和绘制区域的服饰习俗产生了兴趣，并在这四卷集中做了精心展示。

迷恋遥远的土地和旅行乐趣是十八世纪晚期相对较新的现象，像这样的收藏品很受欢迎，其让居民足不出户就能领略异域风情。托马斯·杰夫里斯的图集丰富多样地展示了 200 年前世界各国的独特性。从那时起，服饰要求发生了变化，当时如此丰富的地区和国家的多样性已逐渐消失。现在常常难以表示这种多样性差异。也许可以试着去乐观地看待这种现象，我们已经把文化和视觉多样性转移到更丰富多彩的个人生活中——确切地说，是充满有趣和更多样化的智力和技术的生活。

在这个计算机书籍日渐趋同的时代，我们选择用托马斯·杰夫里斯的画作为封面，从而将我们带回到过去的生活中，并赞颂计算机产业所具有的创造性、主动性和趣味性。

Contents 目　　录

图形可视化基础

第1章深入讨论图形。首先，介绍什么是图形、其在不同领域中的使用和具体案例研究。然后深入了解数据图形模型及其与数据标准关系模型之间的不同之处，还有如何利用数据创建图形数据模型。另外介绍书中将使用的两个工具：Gephi 和 KeyLines。后面章节将具体讲解利用 Gephi 如何创建读者自己的图形可视化，以及利用 KeyLines 如何开发可视化应用程序模块。

可视化图形介绍

本章涵盖：

- 了解图形是数据模型
- 为什么图形是分析数据的有效方式
- 何时可视化图形和结点关联图概念
- 其他图形数据可视化方法及其使用

2001 年 12 月，安然公司（Enron Corporation）申请美国历史上最大的企业破产。其股票由上一年每股峰值 90 美元跌至 0.61 美元，员工养老金和股东投资损失惨重。联邦调查局这起大崩溃调查成为历史上最大的白领犯罪调查，截取了约 3000 箱文件和 4TB 数据。截取信息中有大约 60 万封安然公司高管交流的电子邮件。即使联邦调查局全力阅读每一封邮件，调查人员也认为找到确凿证据可能性不大——复杂财务欺诈犯很少以书面形式披露其行为。2001 年电子邮件刚刚成为主要内部沟通方式；大量交流信息仍以电话为主。

除查阅每封电子邮件内容外，联邦调查局还希望能在通信中找到线索，以便更好地了解安然公司内部谁是决策者，或者谁能访问大量公司内部信息。为此，他们对安然公司的电子邮件进行图形建模。

图形是由结点构成的数据模型，结点为离散数据元素（如人），边为结点之间的关系。图形模型能揭示同一数据相应表格视图中的隐藏关系，并且告诉你哪些数据最重要。数据元素关联构成了数据结构的核心部分，读者能从其中识别数据中的隐藏模式。然而建立图形数据结构仅完成了模式识别解决方案的一半。本书将教会读者怎样使用交互式结点关联直观图实现图形可视化。最后让读者学会利用当今可用的各种工具创建自己的动态交互式可视化。

在本章中作者将更深入介绍图形的概念、图形的历史及其用法，并讨论各种可视化图形数据技术。在此框架上后续章节通过引入图形可视化具体示例构建所要数据，并讨论创建有效可视化的各种技术。

1.1　初识图形可视化

图无处不在。只要对项目关联感兴趣，数据中就存在图。本节将向读者介绍什么是图以及可视化图形能给予什么。

1.1.1　何谓图形

如前所述，图也称网络，是一组表示为一系列结点和边的关联数据元素。

普遍图形定义中，边至多有两个结点。结点关联自身，这两个结点就为同一结点。边（也称为关联）有以下两种形式：

❏ 有向——关系有方向。斯特拉有一辆汽车，但这辆汽车有斯特拉则说不通。
❏ 无向——两个项目连接无方向概念；连接本质上为双向。假定斯特拉与罗杰关联，因为他们共同犯罪，这也意味着"斯特拉与罗杰被捕"跟"罗杰与斯特拉被捕"表达相同意思。

图 1.1 为带属性的有向图示例。

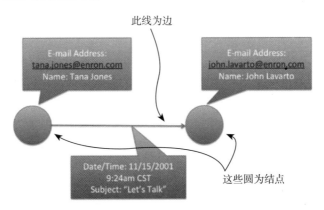

图 1.1　安然高管之间单封邮件的属性图。两结点分别代表电子邮件的发送者和接收者，有向代表电子邮件

两个结点和边都有属性，即键值对——属性和值列表，用于描述数据元素本身或关联。图 1.2 为斯特拉 2007 年 9 月购置一辆 2008 款捷达并于 2013 年 10 月卖出的简单属性图。图形建模结果有助于突出显示斯特拉与这辆车之间的关联对，尽管该表示方式是暂时的。

电子邮件也体现出发件人和收件人间的联系。结点属性为电子邮件地址、名称和标题之类的属性，关联属性为发送日期、主题行以及电子邮件内容。

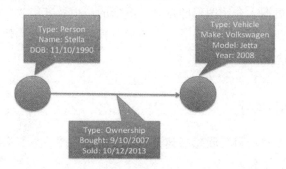

图 1.2 有两个结点和一条边的简单属性图。2007 年 9 月斯特拉（第一个结点）购置了一辆大众的 2008 款捷达（第二结点）并于 2013 年 10 月将该车出售。为突显斯特拉与该车（边）的关系，将其建模为一个图

为寻找财务欺诈证据，联邦调查局调查的不仅仅安然公司高层管理人员发送的单封电子邮件而是全部电子邮件。为此添加一些结点表示特定时间段内发送的大量电子邮件，如图 1.3 所示。

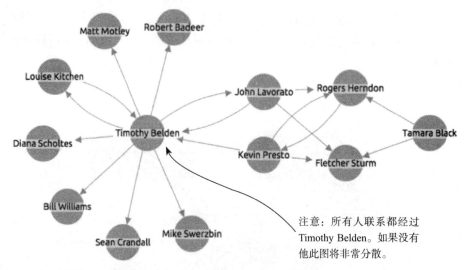

注意：所有人联系都经过 Timothy Belden。如果没有他此图将非常分散。

图 1.3 安然高管电子邮件交流图。不难看出 Timothy Belden 是安然公司此部门的交流枢纽，负责发送和接收其他高管的电子邮件

图 1.3 为一个有向图，因为它决定了 Kevin Presto 是发送邮件给 Timothy Belden 还是从他那收到一封邮件，发送和接收信息对调查真相来说区别很大。边的箭头代表方向：Kevin Presto 给 Timothy Belden 发邮件，但 Timothy Belden 未回复，这说明他们要不是同伙就是可能有离线交流。随着图形中数据的增多，图形的值——模式也更明显。从本例中不难看出，Timothy Belden 是安然公司此部门的沟通枢纽，负责发送和接收其他高管的电子邮件。

1.1.2　引论

图论起源于十八世纪初的哥尼斯堡七桥问题。当时普鲁士的哥尼斯堡（现在的俄罗斯加里宁格勒）有个大众游戏：选择某条路线能不重复一次走完普莱格尔河上的七座桥（如图1.4所示，用该城市卫星图证明三个世纪的数学家是否错了？）

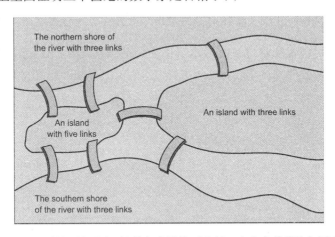

The northern shore of
the river with three links

An island
with five links

An island with three links

The southern shore
of the river with three links

图1.4　哥尼斯堡七桥问题，图上绘某条路线能不重复一次走完普莱格尔河上的七座桥

如图1.5所示，欧拉将城区提取为单点，桥为这些点之间的路径，并证明该问题无解。

哥尼斯堡每块土地用一个点表示，桥为连接这些点的线。就像安然图一样，这就构成了一个图。从图1.5中的图模型不难看出，具有偶数个关联的结点容易穿越（用两个不同关联进入与退出），然而具有奇数个关联的结点只能为路径开始或结束（仅有一个关联的结点显而易见，但不难看出它也适用于三个、五个等等）。结点的关联数称为该结点的度。哥尼斯堡七桥问题只有在最多两个结点有奇数度而其余结点有偶数度时才能被证明有解。显然该图不满足条件，因此每个桥也不可能只经过一次。图论解决了一个以前认为棘手的问题。具有偶数和奇数度的结点原理适用于所有图，不限于哥尼斯堡七桥问题。

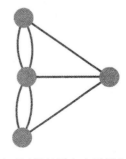

图1.5　对哥尼斯堡图七座桥梁和四块土地建模为图形。图中，结点代表普莱格尔河岸两边陆地和中间的两个岛。边代表连接两岛两河岸的桥梁

1.1.3　图形数据模型概述

图形是有趣的数学结构，许多数学家终身致力于此领域研究。本书目的在于说明如何从数据中得到图，以及怎样将它们呈现给非数学家以便于他们能更好分析数据。再看安然实例。作者选择对数据建模，其结点为安然员工，电子邮件为他们之间的关联，但这不是

从这些数据导出的唯一图模型。此模型的可视化结果显示谁与谁通信，但忽略了电子邮件本身的基本数据，忽略了可能有用的信息，如转发或发送单封邮件给多人，其中有些可能是抄送或密件抄送。

定义 可视化是利用图像来传达点的方法。相比计算机图形学，它通常用来寻找一个单张视图显示大量数据的方法。创建图像显示图形数据称为图形可视化。

这种情况下，可能需要将电子邮件本身作为一个结点。图 1.6 显示主题为"交流一下"电子邮件的发件人和收件人。结点为安然高管，边表示电子邮件的接收方式（抄送还是密件抄送）。

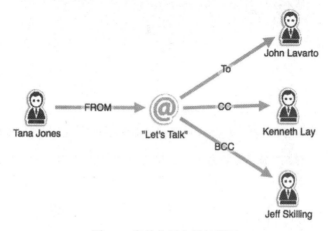

图 1.6 安然公司电子邮件图

分析下面简表。表 1.1 仅包括两列：名称列表和使用这些名称的国家。美国社会保障管理局每年发布一个类似表格，按照新申请社会安全号码显示婴儿名字的受欢迎度。

表 1.1 名称和国家列表，姓名共用

姓名	国家	姓名	国家
Joe	United States	Antoine	France
Juan	Mexico	Jean	United States
João	Brazil	Ignacio	Mexico
Jean	France	João	Portugal

这能建模为图——每个姓名与国家为结点。姓名和国家结点有关联就同一行。结果如图 1.7 所示。

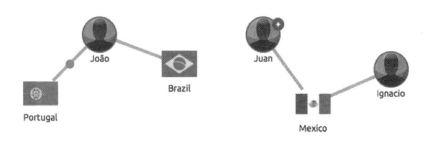

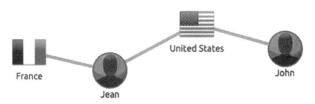

图 1.7 表示名称 / 国家对表的图

从该图中的表不难看出：法国和美国喜欢用 Jean。巴西和葡萄牙喜欢用 João，但别的名字这些国家很少用。如你所见，你甚至能利用最简单数据集生成图形模型，但通常你会想得到结点，关联或两者的属性。这时，你可能希望将某个名字在某个国家的使用频率作为关联属性，大概判断该名字用于男性还是女性。

1.1.4 何时会用到图形

现在我们知道图是什么，为什么会用图。虽然在某些情况下图模型不适合——想到长键值对——但当数据元素有关联时图会非常有用。如果结点彼此关联，这些关联就和数据本身一样重要，因此图是一个很有用的数据分析模型。例如，查阅数据汇总时财务数据报表很重要。就拿预算来说，你关注某组类别的总支出，由于在数据中不是查找关联而是只关心数字，这时使用图会适得其反。但在相同数据集中，如果你感兴趣的事务中嵌入了数据：例如消费者在哪些商家花钱，哪些商家正使用哪些银行——此时图模型存储和可视化这些数据将非常有用。

图形的用处

图形用处很大，但随意使用很危险。许多人首次接触图概念时，觉得每个数据集中都有图，但图有时会掩盖数据含义。

下列情况下，图形是不错选择：

❏ 项之间关联不明显。例如，将某人名字和姓关联用处不大，除非姓与名字相互独立时你正查看姓名关系。例如"有几位‘Coreys’开黑色轿车？"

❏ 数据存在结构嵌入。每个关联都有唯一终点而无其他关联时，图为一组无意义的断联。

❑ 结点至少有一些属性。数据集无属性，根据图创建的漂亮图片展示时也不会告诉观众他们到底在看什么。

图 1.8 表示一个用处不大的图模型。它代表在公路地图集背面找到的显示城市对之间的里程和行驶时间的数据。

事实上，北美每个城市都有道路连接到其他任意城市，况且地图集浏览器不可能添加从里士满开车到布法罗所途经的各种路段和城市对；大家只想知道距离多远以及多长时间到达。图的另一种表示方式关联矩阵更适合这种情况。

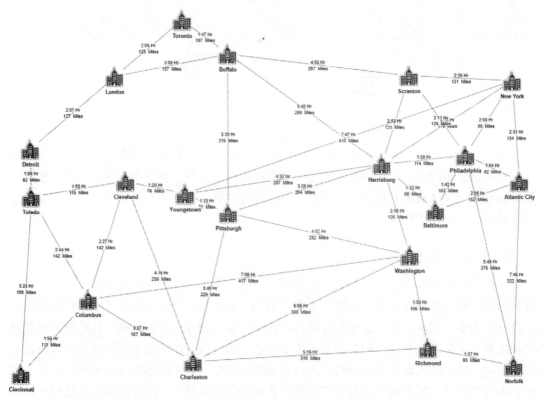

图 1.8　北美城市行驶时间图。图不是表示该类型数据的有效方式，因为所有城市之间都关联

关联矩阵

关联矩阵是将结点名称显示为列和行的表。每对关联结点在关联矩阵中的交叉单元都会被标记或用属性值填充。无向图中会重复这些值，由于每对关联结点出现两次：第一次将第一个结点作为行，第二个结点作为列，反之亦然。

图 1.9 所示的表是一个表示类似城市对之间距离数据的关联矩阵。

数据集中数据元素之间的关系是最重要特性，它对于图像建模也最有用。当分析关键组件时，图形最有效。本节简要介绍图形数据模型，表格数据如何表示为图（在第 1.1.3 节），以及何时使用图形。下一节将讨论如何以及何时可视化图形，即在纸上或计算机屏幕上绘制该数据模型图像。

	Atlanta	Boston	Chicago	Dallas	Denver	Houston	Las Vegas	Los Angeles	Miami	New Orleans	New York	Phoenix	San Francisco	Seattle	Washington D.C.
Atlanta		1095	715	805	1437	844	1920	2230	675	499	884	1832	2537	2730	657
Boston	1095		983	1815	1991	1886	2500	3036	1539	1541	213	2664	3179	3043	440
Chicago	715	983		931	1050	1092	1500	2112	1390	947	840	1729	2212	2052	695
Dallas	805	1815	931		801	242	1150	1425	1332	504	1604	1027	1765	2122	1372
Denver	1437	1991	1050	801		1032	885	1174	2094	1305	1780	836	1266	1373	1635
Houston	844	1886	1092	242	1032		1525	1556	1237	365	1675	1158	1958	2348	1443
Las Vegas	1920	2500	1500	1150	885	1525		289	2640	1805	2486	294	573	1188	2568
Los Angeles	2230	3036	2112	1425	1174	1556	289		2757	1921	2825	398	403	1150	2680
Miami	675	1539	1390	1332	2094	1237	2640	2757		892	1328	2359	3097	3389	1101
New Orleans	499	1541	947	504	1305	365	1805	1921	892		1330	1523	2269	2626	1098
New York	884	213	840	1604	1780	1675	2486	2825	1328	1330		2442	3036	2900	229
Phoenix	1832	2664	1729	1027	836	1158	294	398	2359	1523	2442		800	1482	2278
San Francisco	2537	3179	2212	1765	1266	1958	573	403	3097	2269	3036	800		817	2864
Seattle	2730	3043	2052	2122	1373	2348	1188	1150	3389	2626	2900	1482	817		2755
Washington D.C.	657	440	695	1372	1635	1443	2568	2680	1101	1098	229	2278	2864	2755	

图 1.9 阿特拉斯道路的关联矩阵。城市名以列和行表示，而相交单元格表示它们之间的距离

1.2 了解图形可视化

为什么可视化图形数据易于理解？原因有二。人类是直观的视觉生物，不看图片几乎不可能想到任何模型。1909 年卢瑟福提出了大家熟悉的原子模型，原子核由质子和中子组成，电子就像行星一样绕着原子核高速旋转。不久薛定谔基于量子力学的更精确模型就取代了此模型，但 90 年后，卢瑟福模型仍为公众熟知。为什么？因为它能被描绘。薛定谔模型虽更准确，但仅是数学概念，而且不直观，所以未能广泛吸引公众的注意力。数据也如此。如果未向观众展示谈论内容，他们就会忘记。可视化有助于弥合这一差距并让决策者了解数据。

作者在 1.1 节中介绍了图模型以及结点、边和属性，但本书主题为图形可视化。根据数据做出更明智决策是数据收集的唯一原因，因此提供一种有效的访问方式非常重要。对于图形数据来说这通常就意味着绘制图形。

尽管有多种图形可视化方法，但作者只简要讨论其中几种。本书重点介绍结点关联可视化。这并不意味其他可视化用处不大，主要因为结点关联可视化有最广泛吸引力且不考虑数据源，仅需要少量技术知识就能分析。到目前为止本章一直使用结点关联。结点关联顾名思义，结点可以为点、多边形或图标，关联是连接这些点的线。结点关联图几乎都是二维平面图，很少有三维图。结点关联图的一个重要方面是，结点位置与结点本身信息无关，利用结点位置显示某些有用信息有多种方法。可是单独放置结点仅为了方便性和可读

性，这与笛卡尔散点图有本质区别。并且这样做有助于图形的结点布局和排列。对人眼来说具有相同数据但布局不同的两个图形意味着不同事物。

1.2.1 何时可视化图形

实现可视化图形重要原因有二：

❑ 其一：有助于更好了解你的数据结构。

❑ 其二：有助于观众更广泛地接触数据连接。

可视化图形数据结构

图 1.10 的可视化结果表示销售数据库结构及其元素关联情况，而不是个别员工与产品之间的连接。

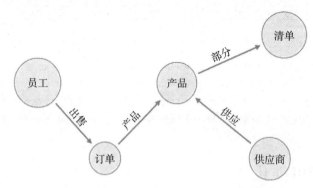

图 1.10　显示不同数据类型之间关联的销售数据库

至于第一个目的，了解结构：数据集中哪些类型数据会与其他数据关联？你能从设计的图形数据库中发现许多图形用来说明这些结构。

该例中销售数据库结构直观。供应商供应清单内的产品。员工接受包括产品的订单。数据专家或应用工程师认为这种观点非常重要。有助于定义数据模型、存储方式以及用户如何交互。万一出错，修复过程将会非常耗时和昂贵。

绘制自己的图形数据

第二个目的可视化数据集中的数据。此时关注数据元素本身的实际关系而不是数据类别。

图形可视化重要的一个关键原因是能为数据发现提供可视化界面。尽管过去十年大数据革命主要分析聚集数据的趋势，但能发现事先未知的连接和各个数据元素之间的关系也同样重要。仪表板不可能显示这些信息，但图能让用户挖掘探索数据并且直观发现这些模式。第 6 章会展开讨论。

1.2.2 图形可视化常用图例

尽管本书主要内容为结点关联可视化，但它并不是唯一的图形显示方法。1.1 节介绍了关联矩阵，结点由列和行表示，单元中有标记或值就表示结点存在关联。图1.9中的公路地图集就是很好的实例。关联矩阵非常便于创建或编辑图形数据，但不适合对其演示。接下来，将向读者展示某些可视化实例，其相比有些类型数据的结点关联可视化效果更好。

饼图

如果初衷是为了显示结点组而非单数据的聚集关联，那样饼图更适合。在 http://www.global-migration.info 中有一张显示六大洲间及其内部的全球移民的好实例，参见图1.11。其数据为一张国家间的迁移模式图，明显这些数据的全部结点关联图是很繁忙的，并且也不能显示聚集模式以及饼图，因此这是个不错的选择。

图1.11 www.global-migration.info/ 中的图。该图生动展示了有人居住的六大洲之间的人口迁移模式

蜂巢图

如图1.12所示，蜂巢图是结点关联图的又一个实例。如前所述，结点关联图可视化注重每一个数据元素及其连接。其有用但不能识别和传递不同数据元素类型或组之间的连接。当试图研究包括数万或数十万个结点或关联的极大网络结构时，蜂巢图就很有用，因为它将结点区分为三种或更多种类型，并以图形的中心轴对齐它们。不同类型元素间的关联绘制为围绕图形中心的曲线。这有助于观众在视觉上区分紧密关联与弱关联。蜂巢图不能显示相同类型元素间的关联，而且挖掘查看数据子集也比较困难。

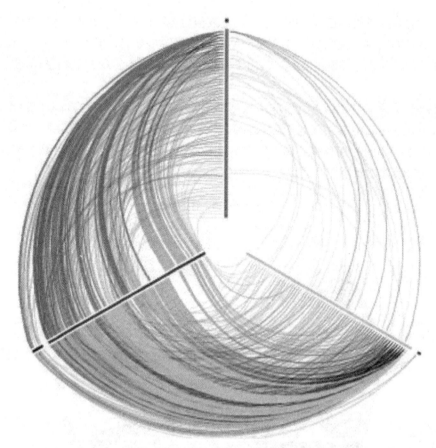

图 1.12　http://www.hiveplot.net 中大肠杆菌的蜂巢图。注意最左组链接数量大，但顶部和右边
　　　　之间链接较少

利用结点关联图深入分析数据好处多多，但有时使用其他可视化方法会更有帮助性。一般来说，当专注细节时，结点关联作用很大；如前所见，对关注聚合时，结点关联就用处不大。

桑基图

桑基图为另一个有用的可视化表示形式，其被设计为在图形中从左到右以流的形式绘制某事物（货币、人、能量等）。对于传统图形数据，人们关注两个结点的关系及其属性。但桑基图旨在突出显示分类结点间的聚合数。图 1.13 中来自国际能源机构（https://www.iea.org/）的例子显示世界能源利用，即从左边的原材料到右边以电或燃料形式消耗的能源，其有中间步骤。结点关联可视化将各炼油厂和各油田的连接作为输入，与各汽油批发商的连接作为输出，但如果仅对各种来源的能源比例感兴趣，这就成了无关紧要的细节。桑基图清楚表明有多大比例成品油用于运输燃料、发电与塑料，这是传统结点关联可视化中很难看到的。

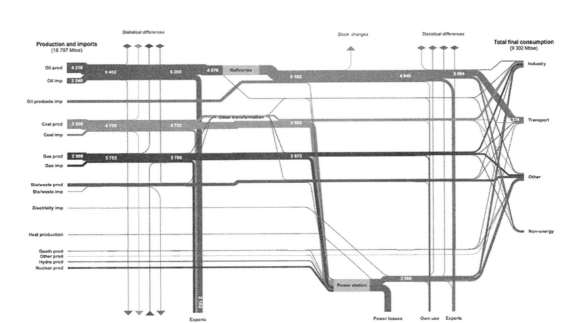

图 1.13 世界能源消费和资源的桑基图。在 www.iea.org/sankey 能看到更大视图

1.3 小结

本章介绍图的定义，并讨论分析结点和关联的数据优势。作者也强调这是有益的，并且你还可以从数据的表格视图中看到更多用处。作者提到的图形可视化的历史以及绘制自己的数据图像的原因都将让你有所启发。除了本书主要关注的结点关联可视化，书中还提到某些情况下用到的几种其他可视化方法。

- ❑ 图是强调数据连接的数据模型。
- ❑ 图模型能从任意共享共同属性的数据集创建。一些比另一些更有用。
- ❑ 图形数据来源任意，不限于图形数据库。
- ❑ 结点关联图是呈现和交流图形数据的最常见方式。
- ❑ 图形可视化实现两个目的：允许分析数据和公开连接；有助于数据连接结果传达给他人。
- ❑ 还有许多不依赖于结点关联图的图形数据显示方法。这些方法大多数可以帮助查看更大的网络结构，而不是更精细的细节。

Chapter 2 第 2 章

案例研究

本章涵盖:
- 情报与执法图
- 金融与在线审查欺诈图
- 信息安全
- 市场营销图

　　十几年来,人们对图形的兴趣已经超越了学术界和工业界。情报失误致使911事件被媒体描绘成一个"链接孤岛",因为各个政府机构都有怀疑,但却无人对恐怖分子名单做整体汇总与分析。链接意味着理解各个数据集之间的关系,尽管仍然有很大改进空间,但美国情报界是图形可视化的第一批使用者之一,特别是反恐分析人员和调查人员。利用图形解释网络流量也有助于调查人员调查洗钱。通常情况下,寻找洗钱涉及调查人员和公司之间的资金流动并确定异常领域,因为这些领域的资金流入量大于流出量或者其在网络中处于中心位置(而它们本不该如此)。诈骗不限于金融诈骗——任何谋利的虚假陈述都是诈骗行为,比如最近盛行的虚假评价:对具有财务利益的产品或服务给予虚假好评,或者对竞争对手给予虚假差评。

　　由于越来越多经济部门是由中间商组成(匹配服务或产品与客户,如餐饮业的 Open Table、出租车的 Uber 或本地企业 Yelp),因此确保这些审查的完整性至关重要。

　　到目前为止,书中一直用一般数学意义上的网络,意思就是连接结点和边的集合。尽管如此,大多数人认为计算机网络既可作为基本的局域网,也可像全球互联网一样复杂。随着互联网不断地发展,其作为主要通信基础设施,不仅适用于人员,还包括设备(物联网，即 IoT），因此了解它们的相互联系变得越来越重要。近年来信息安全变得非常重要，因为企业和个人的关键活动都通过互联网进行。为此我们用图形来识别计算机网络基础设施中的弱点，并可视化网络攻击以确定如何阻止正在进行的或未来将遇到的攻击。

我们将在本章中查看这些示例，包括图形可视化如何辅助国家和地方机构进行执法调查，帮助企业消除客户或在线评价者的诈骗行为。这些案例研究说明现实生活中已有多个成功使用图形可视化的案例。

表 2.1 列出了可能用到图形可视化的其他行业。

这些研究案例中的每个数据都来自于现实生活的数据，但因为机密性的原因，其中部分数据已做匿名化处理。建议读者从本书网站（www.manning.com/books/visualizing-graph-data）下载数据并自行对其可视化。

表 2.1　更多行业和数据会使用图形可视化

医疗卫生	联合用药反应
	传染病感染模式
交通运输	航空公司航线网络
	航运物流
供应链管理	供应商关系
商务智能	消费者的购买行为
	消费者的情感分析
	组织分析

2.1　情报与恐怖主义

2004 年，外交政策研究所资深研究员和前中情局特工马克·塞奇曼（Marc Sageman）出版的《Understanding Terror Networks》，收录了 172 位基地组织成员和全球支持者的详细个人简历，以及个人之间的社会联系。将这些人作为结点、社会关系作为边将该数据建模为图形。以表格形式查看该数据的一个小样本，图 2.1 中表格显示人员 / 结点。

Name	City	Country
Mohammed Mansour Jabarah	St. Catherine's, Ontario	Canada
Encep Nurjaman	Kampung Sungai Manggis	Malaysia
Joseph "Jihad Jack" Terrence Thomas	Melbourne, Victoria	Australia
Ali Amrozi bin Haji Nurhasyim	Tenggulun	Indonesia
Hasyim bin Abbas	Singapore	Singapore

图 2.1　基地组织成员和国际支持者及其行踪表，摘自 Marc Sageman 的《Understanding Terror Networks》一书。图形可视化中这些人构成了结点

图 2.2 以这些人的关系构成矩阵。

现在以 172 个恐怖分子扩大结点链接来进行可视化，两人彼此认识为图中链接。这里做了几个设计选择，其一是将此人居住国旗帜（居住地，2004 年数据）作为结点图标，便于我们一眼就知道他们来自哪里。我们将同样绘制所有链接。通常，我们使用像宽度和颜色这样的链接视觉属性来表示数据实质性，然而这个数据仅包含是否存在一个链接，除此之外再无别的属性。因此我们采用力导向布局创建结点间的间隔从而让图表更易读。本书将在第 7 章中详细介绍该布局。结果如图 2.3 所示。

虽然能从图中看到一些中心结点和孤立组，但在该级别上其显得太混乱。图形可视化中有方法能一次性显示越来越多的数据，但可能会适得其反，因为图形会更难以理解。如图 2.4 所示，放大图形细节后能提供更好的信息。

	Mohammed Masour Jabarah	Encep Nurjaman	Joseph "Jihad Jack" Terrence Thomas	Ali Amrozi bin Haji Nurhasyim	Hasyim bin Abbas
Mohammed Masour Jabarah		认识			
Encep Nurjaman	认识		认识	认识	
Joseph "Jihad Jack" Terrence Thomas	认识	认识		认识	
Ali Amrozi bin Haji Nurhasyim		认识	认识		认识
Hasyim bin Abbas				认识	

图 2.2　基地组织成员和国际支持者的矩阵。这些关系表示图形可视化的边

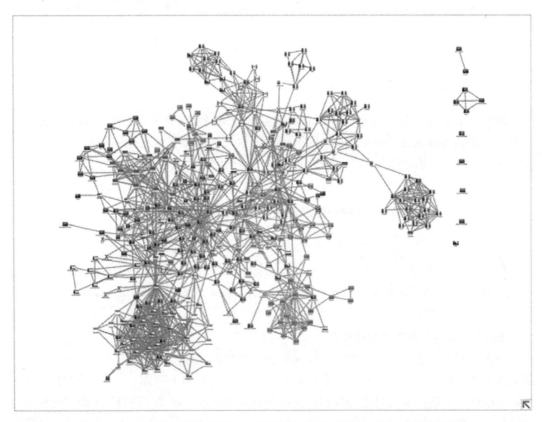

图 2.3　基地组织成员和国际支持者的图形可视化。结点代表人，边表示关系

　　现在我们可以看到上一张表中马来西亚国旗代表的 Encep Nurjaman 是大多数马来西亚人与上述国家交流的关键链接点。现实情况确实如此：Nurjaman 被称为东南亚的乌萨马·本·拉登（Osama bin Laden），是基地组织中东地区与东南亚之间的主要联系人，所以即使没有旁人提供相关资料，我们也能确定该网络的一些关键人物。

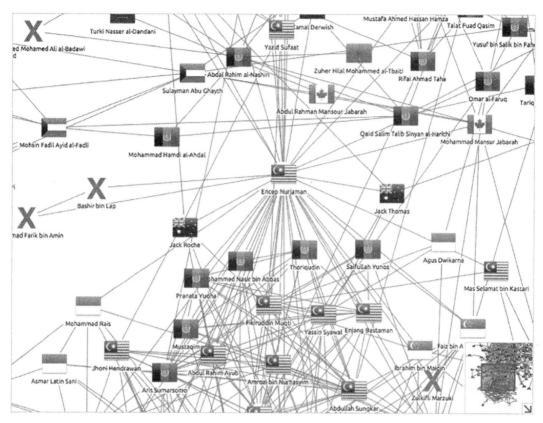

图 2.4　仔细观察基地组织的图形可视化。细节放大后能易于了解一个马来西亚基地组织成员
　　　　Encep Nurjaman 与其国际集团成员间的关系

因此，即使未深入挖掘每个结点的更多属性，图形可视化也能帮助确定国际上谁和谁有联系。仅以图形方式显示数据就能使我们从数据集中识别出表格形式中未能看到的关键模式。从图中我们开始寻找一个群体与另一个群体的链接中心点，也就是找出某个在该网络范围内有广泛影响的人。

图形化表示会让你轻松查看最好的链接结点。即使在包含太多数据的数据集中查看每个单独数据端点时，这些模式也仍旧对许多紧密链接组和孤立端点很有用。

现在做一些基本社交网络分析（SNA），看看我们还能学到什么。

SNA 是一个旨在使用分析算法来了解群体内社会动态的研究领域。不同领域都有相关书籍，为此本书只介绍几个算法。情报分析师的目标是确定该网络的关键角色——谁是基地组织中最重要的人物？ SNA 有一套称为中心分数的算法，能以不同方式查看嵌入数据中的链接模式，从而确定哪些结点最重要。有多种不同度量方法，其中一种称为中介中心性的方法能查看网络中经过某个指定结点的流量。

中介中心性是一个社交网络分析中心算法，为每个结点分配一个分数。它通过在图上计算每个结点与其他结点的最短路径（链路数或链路权重）来工作。有结点落在最短路径上时，就会增加它的中介中心性分数。因此高评分的项在数据流过图时往往为数据阻塞点或漏斗。

通过计算包含从每个结点到其他结点的最短路径，我们能确定这些路径上最繁忙的结点。这些结点将赋予更高分值。如图 2.5 所示，根据结点的中介中心性分数使用其 α（灰色）对其进行大小调整。从图中不难看出乌萨马·本·拉登和左边的 Nurjaman 为最大中心结点（记住，该数据 2004 年公开）。当然那些在图中有着显目名字的人也是部分关键人员。这是一个不寻常的结果。中间性通常不能识别组织的领导者，因为领导者很少会建立一个所有通信必须经过其自身的网络。更常见的情况是，最高值的人往往在网络流动中扮演信息中间人。因此，本·拉登有最高分数值这一事实很有趣。他可能建立了一个网络，他是关键信息经纪人，或者说他不是实际领导者，而这不太可能。

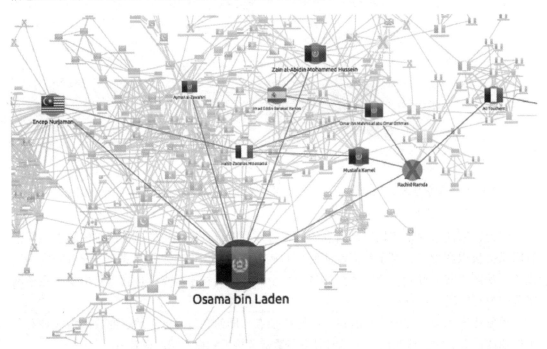

图 2.5　使用社交网络分析识别基地组织的主要参与者。乌萨马·本·拉登作为基地组织的领导人在组织中的表现最高，因此可视化中他的结点最大

可视化的另一个重要特征能对数据进行筛选。如图 2.2～2.5 所示，同时查看所有结点和链接并不一定有用，这种情况习以为常。为此一个有用的功能是允许用户根据某些标准来控制结点的可见性。比如查看图中的这些国家，我们能根据他们是否居住在某些国家或地区从而在可视化中筛选恐怖分子。也许不是中东或亚洲，现在把重点放在西欧。我们使用同样的数据来查看英国和法国恐怖分子之间的关系，看看到底会发现什么，如图 2.6 所示。

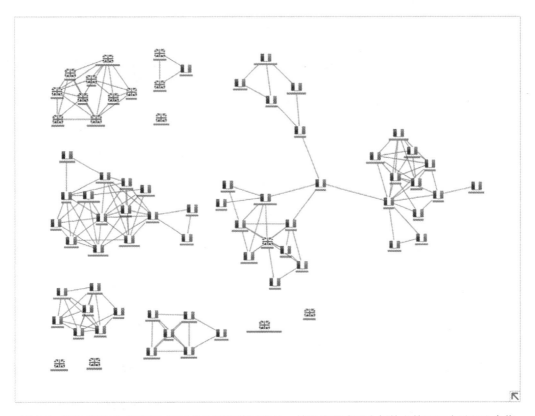

图2.6 筛选只显示"基地"组织的法国和英国成员，结果表明除两个例外之外两国成员很少合作

网络几乎无重叠。左上角有一名法国人与英国人有合作，中间有一名英国人属于法国网络，但除此之外，恐怖分子组织完全独立运作，至少根据信息分析的结果是这样的。

当所有数据来自一本书时，这个示例似乎很简单，也让人觉得情报分析工作似乎并不难。但了解这些网络类型可能会成为一线士兵生死攸关的问题，因为现实中数据很少集中在某个单一数据集中。图形可视化能便于分析人员快速有效地了解和传达大量复杂数据，这一点并不奇怪。

图形可视化已成为在大型社会网络中调查有组织犯罪时执法的宝贵工具。但在这个案例研究中，图形可视化有助于识别任何社交网络的通信模式，而不仅仅是罪犯之间。营销人员也可从该技术中受益。

2.2 信用卡诈骗

诈骗被定义为"为财务收益而做出的虚假陈述"，或者说是撒谎来得到你想要的东西。不管诈骗类型如何——不论是收购账户，如诈骗者冒充账户拥有人向自己转入资金，还是身份盗用，如诈骗者以他人名义申请信用卡或提出虚假保险索赔，几乎每个诈骗案件都会虚构关系。因此，图形尤其图形可视化在打击诈骗方面能发挥重要作用。

在打击诈骗方面图形可视化发挥两个作用：诈骗审查和欺诈调查。

诈骗审查至关重要。交易系统在过去几十年中已经越来越自动化，因此人工审查异常情况的职员数越来越少。许多大型交易系统中，例如信用卡申请，一个人根本不可能审查绝大多数业务流程。这通常是好的，能立即批准信用卡而且节省费用，但这也为潜在的诈骗打开了一扇大门。由于无人审查批准或拒绝交易，只要诈骗者未被审查到就不会发出任何警报从而让其进行大量信用卡套现，最终给系统的所有合法用户带来成本花销。有公司已投入数十亿美元进行自动化分析来帮助检测这些大型系统中的异常行为，并取得了卓有成效的进展，但有些可疑案例仍然需要反诈骗专家审查。这也推动了图形可视化的出现。这些专家经常要每天审查几十甚至几百个案例，而且几乎是在没有参考资料的情况下做出决定。对数据关系的快速检视常常导致正常的申请被拒绝反而诈骗案例却被批准。

本节将回顾企业如何使用图形可视化查看诈骗采购行为，以及哪种模式会对诈骗预警。

2.2.1 网购诈骗

当我（或其他正常客户）网购商品时，其购买图很简单，类似于图 2.7 所示的图形。

尽管我会从 IP 地址网购，也许是工作电脑或家用电脑，但该 IP 地址很少。派送地址也是如此。我可能会将物品派送少量地址，但不太可能超过几个，并且很可能在同一个国家。这就给预期的正常交易提供了可视化的模式，便于直观地发现与该模式不匹配的图形。例如，为什么某个 IP 地址有数十个不同账户的订单？或者为什么一个账户会将商品派送到不同国家的几十个地址？图 2.8 中的图形表明图形方式可视化时能凸显诈骗性交易。

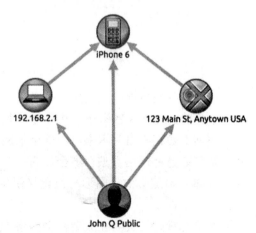

图 2.7　网购解析。图中结点代表客户、产品、IP 地址和派送地址。这笔交易中没有任何内容表明是诈骗购买

此外一旦发现诈骗案件，确定诈骗范围同样重要。是有组织犯罪分子的系统模式还是一个单独个人？如何才能深入到源头？这就是所谓的诈骗调查，并且图形可视化在其中很有用。以被盗信用账户为例。持卡人向信用卡公司报告他的信用卡被旁人套用并被使用。我们就确定了一个明显的诈骗案例并对其制止，但是我们如何使用这些数据来主动确定还有哪些持卡人可能面临风险？一种方法是可视化上报信用卡套用的持卡人及其经常光顾的商家网络。如图 2.9 所示，光顾的共同商家就会用红旗来标记。

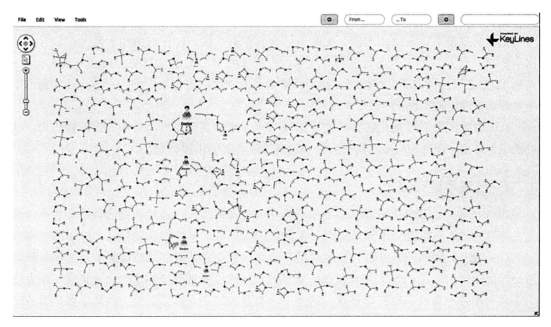

图 2.8　注意到大多数结点的模式相似，除中心附近的两三个链接良好的簇

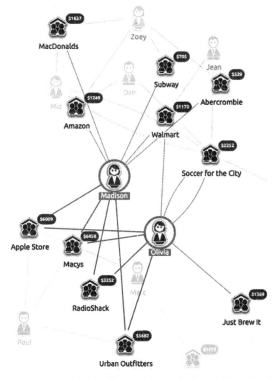

图 2.9　粗线链接表示持卡人与这些商家的交易比较可疑

在其信用卡被套用交易前，多名受害者都在同一商家消费过。也许其中有一个供应商与信用卡套现有关。合法刷卡前，无耻店员偷偷在第二张未经授权的读卡器上读取客户信用卡账户信息并在黑市上进行出售。此外，由于这些交易都是在星期二或星期四的晚上 8 点到 12 点之间进行，那么我们可以调用商家店员的考勤记录以确定何人所为，这些都可以通过图形可视化来实现。

商家也可用图形可视化在客户完成诈骗性订单前来识别客户间的非典型购物行为，这可能隐含诈骗。图形在分析消费者行为和追查肇事者方面也很有用。

2.2.2 在线审查诈骗

2015 年 4 月，亚马逊对其入驻商家请第三方公司撰写假商品评价提起诉讼。它声称整个"不健康的生态系统"虚假地夸大了亚马逊销售平台上某些产品的排名。许多网站将客户与产品或服务相匹配，通过合法客户提交的评价来获得其对产品或服务的真实体验从而增加价值。例如，在 Yelp 上发现添加一颗星其产品销售额就会增加 19%，这也极大地促使供应商利用各种手段来提高其评级。这些手段有合法的——提供更好的产品或客户服务来提高评价等级；但是也有非法的——例如有偿评价来提高排名。

正如在信用卡案例中看到的那样，除商家为虚构自己排名来降低竞争对手的排名外，还有一些系统诈骗者，他们利用网站系统漏洞操纵大量客户（商家）的评价。第一种诈骗不复杂，通常很容易被发现。图形可视化也便于识别，例如，创建账户的新客户在凤凰城点评了七家不同的意大利餐馆，其中六个评价为一星，其余一个为五星，这里往往隐藏了更多微妙。

审查诈骗和金融诈骗的一个主要区别：审查网站并不总要求提供诸如地址或信用卡卡号之类的可验证信息，这样会增加提交的评价数，但也导致不可能根据观察列表交叉审查评价。相反，我们必须依赖设备数据、位置数据和行为模式，如下所示：

- ❏ 审查内容
- ❏ 审查提交速度
- ❏ 设备指纹
- ❏ 资料数据
- ❏ 地理位置数据

2.2.3 可视化审查诈骗

图 2.10 中使用模拟数据显示某笔交易的两天内提交的一些评价。值得注意的是，这些评价的提交时间很有趣，为此我们通过查看直方图显示其随时间的变换关系。第 9 章会对此做详细介绍。

彩色结点代表每个评价，红色渐变为绿色用于表示审查评级。每次审查以下三条信息：

- ❏ 业务审查（建筑图标）

❑ 使用的 IP 地址（电脑图标）
❑ 提交评价的设备，无论是桌面设备还是移动设备（@ 符号图标）

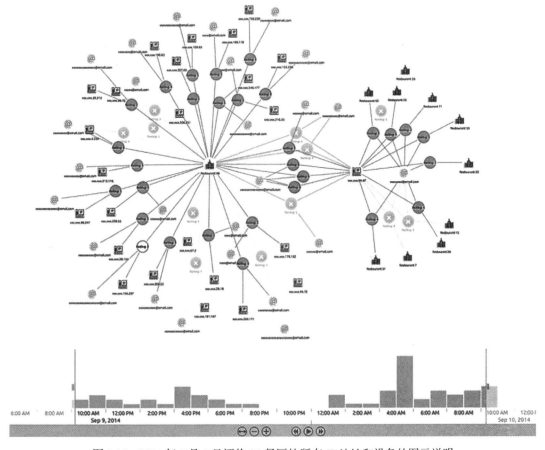

图 2.10　2014 年 9 月 9 日评价 86 餐厅的所有 IP 地址和设备的图示说明

系统用粗红色链接而非默认的蓝色来标记可疑评价。以前删除的诈骗性评价用虚红色的 X 结点显示，具体细节如图 2.11 所示。

图中心有一个有趣的集群：对于单个业务有四个不同设备通过该 IP 地址共提交了七个评价。三条作为虚假评价已被删除。

其余四个的时间集中并且共享 IP 地址，这意味着它们也可能为假评价。如图 2.12 所示，如果向外扩展某条已删除的评价就会发现更多操纵评价的线索。

针对某项业务，这一次可能是为了逃避审查软件保护，该设备使用五个不同 IP 地址（更可能为代理 IP 地址）提交了 8 条零星评价，为此将其提交的评价标记为诈骗。

根据所要发现的洞察力，这里有多种不同方法来模拟评价数据。图 2.13 中用了三个元素：

❏ 审查人账号（人员结点）

❏ 被审查商家（建筑结点）

❏ 审查评级（绿色→红色链接）

接着，模式立即开始脱颖而出——尤其左下角令人难以置信的积极评价者，为许多不同机构提交了数十条五星评价。

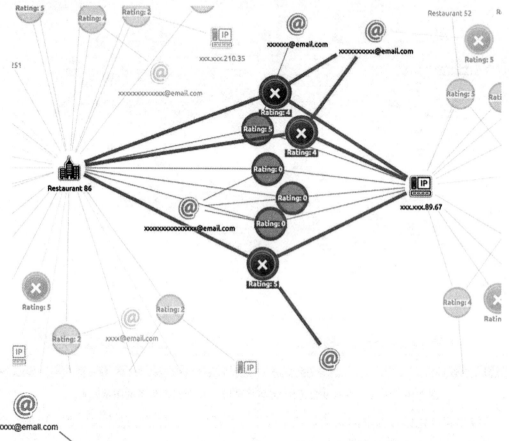

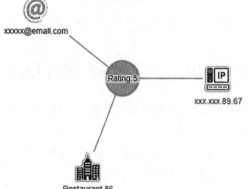

图 2.11 详细查看 86 餐厅的某一条评价。该图显示了 86 餐厅某位顾客的电子邮件地址、IP 地址和五星评级

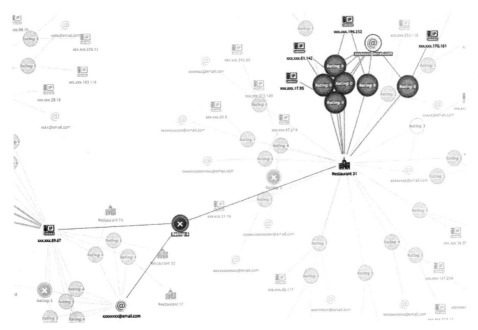

图 2.12 31 餐厅评价中的更多可疑模式。对于 31 餐厅，顾客以一个账户使用五个不同 IP 地
址试图逃避审查，共提交了 8 条评价

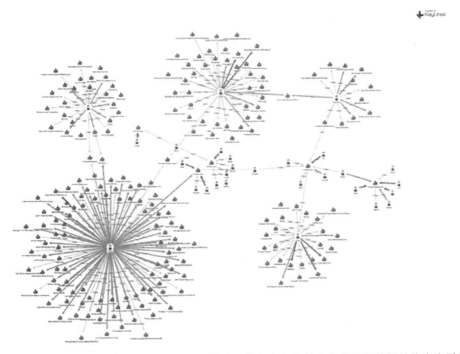

图 2.13 餐厅评价的图形可视化中呈现的模式。数字流行的某些趋势绘制数据的指定发展趋
势，例如左下角评价者可能仅提交好评

为了报酬他们可能通过使用假账户提交好评？看看审查时间以及正在审查的商家位置，就会得出一些很好的见解。

还感兴趣的是中间的一个簇，如图2.14所示。

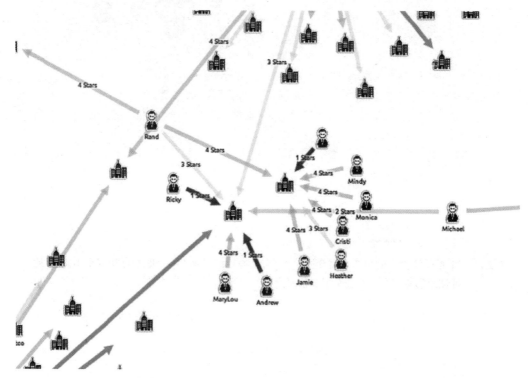

图2.14 仔细查看餐厅评价的图形可视化。一家餐馆收到多条差评，没有其他活动。这意味着什么

我们需要质疑，为什么一个企业在账户上有多个明星评论，而这些账户似乎没有任何其他活动，我们认为这是一种潜在的诈骗行为。

图形可视化在审查和调查审查诈骗方面可发挥重要作用。类似于信用卡诈骗，重要的是要发现可疑评价者有什么共同之处，比如共享相同的IP地址或设备。将数据表示为图形并对其进行可视化检查，在确保网站内容完整性方面发挥着巨大作用。

审查诈骗往往像图形可视化中的拇指一样突出。使用该技术在线审查网站可审查和删除虚假评价，无论是对竞争对手发布的负面评论的协调活动还是作为积极评价的付费内容。

2.3 信息安全

网络安全是所有组织的核心问题，但公司或机构有多种方式保护其计算机网络免受攻击。采用不同方法建立和维护 IT 网络也导致每个组织都具有其独特的漏洞。

犯罪分子、恐怖分子和民族人士以及激进分子和机会主义业余爱好者对公司和政府信息技术系统构成了真正和持续的威胁——这种系统的复杂性和多样性更加剧了该情况。网络安全专业人员在这三个方面面临着几乎不可能完成的任务：

❏ 主动维护安全的网络周边

❏ 不断监测新威胁

❏ 检测、了解和纠正以前的网络攻击

尽管许多人认为计算机网络的正常运作是理所当然的，但即使是最简单的网络，网络设备和连接的基础设施也是庞大的。随着生活中越来越多的事情发生在互联网上——最大的网络——我们如何保护自己不受恶意攻击？

信息安全是一场数据主导的战斗，将来自各地企业的百万兆字节的不同信息集成到一起，放置于网络运营中心（NOCs）或安全运营中心（SOCs）中。

现有信息安全和事件管理（SIEM）工具能很好地整合这些数据，通常使用自动实时警报。不幸的是，其中大多数缺乏将数据解释为大图所需的可视化能力。这意味着警报没有得到有效的调查，而且事后攻击取证效率低下。图形可视化是辅助人工调查实时警报和事后攻击取证的有效方法，但必须考虑性能影响。图形可视化中尝试绘制每个 IP 数据的网络流没有作用，因为结点和链接的数量太多致使屏幕无法将其显示。

本节将引导你使用图形策略来增强组织的网络安全性，帮助预测攻击何时发生并对其进行阻止。

2.3.1 识别异常网络流量

了解哪些外部网络流量是确保网络周边安全的关键任务。一旦攻击者破坏了网络，通常下一步是"回家请示"以便接受黑客要求的任务，例如发送垃圾邮件或收集个人信息，或只导出从网络窃取的数据。

类似地，高等级的入站流量应引起关注，因为其常常表明大量链接尝试和即将到来的破坏。

图 2.15 为某个企业网络上 IP 链接的筛选图。交通量由链接量（箭头越宽量越大）表示，结点颜色表示其位置——绿色内网，红色外网。

使用结构布局对结点进行聚类，将具有相似特征的结点分组在一起。例如，这种相似性可能是单个部门内的 IP 链接。

从图 2.15 不难看出一个外部结点（大约 10 点钟）发送大量的流量到公司网络——潜在的垃圾邮件发送者。某些结点也向外发送大量数据。对这两种情况都有合理解释，表明其或是自动攻击或是内部破坏。

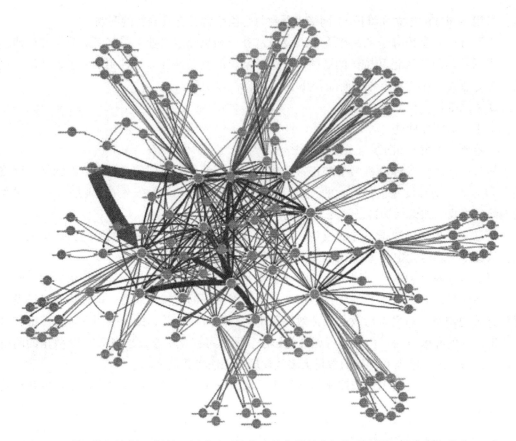

图 2.15 单网络上绘制 IP 链接。图中边（箭箭头越宽量越大）代表流量；结点颜色代表 IP 地址（绿色内网，红色外网）

2.3.2 解构僵尸网络攻击

僵尸网络是异常流量模式的常见原因，表明网络中的机器可能参与分布式拒绝服务（DDoS）攻击或垃圾邮件活动。僵尸网络让计算机处理大量恶意数据包来破坏 IT 网络。

了解问题规模和在一个庞大的网络中查找所有受感染的机器很有挑战性。同样，如果没有有效的数据可视化，几乎不可能了解它们是相关的还是协同工作的。

图 2.16 的第一个屏幕截图为从大学 IT 网络获取的未筛选的流量数据，此数据由应用互联网数据分析中心（http://bit.ly/1gk7Kl1）发布。结点代表 IP 地址，链接代表数据包。结点大小取决于其处理的数据包量（入站或出站），链路按包大小加权。链接也按协议类型着色。图中未筛选的视图不好解释。

在图 2.17 中，为突显与其他结点链接数最多的结点，我们用同样的数据但是按结点度进行筛选。这将很快帮助我们找到网络中最活跃的机器，筛选掉目前不需要看到的机器。对于查找网络中被僵尸网络系统接管的机器，这种方式快速直观。

图 2.16 僵尸网络攻击下大学 IT 网络的未筛选的图形可视化。结点代表 IP 地址；链接代表数据包。结点大小取决于其处理的数据包量（入站或出站），链路按包大小加权。链接也按协议类型着色。如果未筛选，这种表示是很难分析的

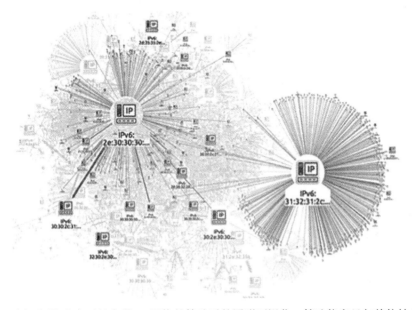

图 2.17 僵尸网络攻击下的大学 IT 网络的筛选后的图形可视化。筛选能突显与其他结点链接最多的结点，便于快速找到网络中最活跃的机器。对于查找网络中可能被僵尸网络系统接管的机器，这种方式快速直观

2.3.3 分析恶意软件传播

网络可视化的第四个方面是最通用的网络安全用例，分析恶意软件传播。恶意设计软件会给计算机造成破坏。该模型可用于分析多个活动，如：

❏ 了解已知病毒的传播距离以及识别机器受损程度

❏ 建模恶意软件造成的威胁

❏ 跟踪黑客攻击活动

❏ 监视蜜罐陷阱

接下来的两个图显示的是蓄意感染公司计算机网络来传播恶意软件。网络中有十二台机器被感染，看看流量如何传播到其他机器。数据集包含超过7800台机器。

如图2.18的第一个例子所示，单个图显示整个网络。黄色链接表示良性流量；红色链接表示至少有一个感染数据包流量。某些机器已高度活跃。

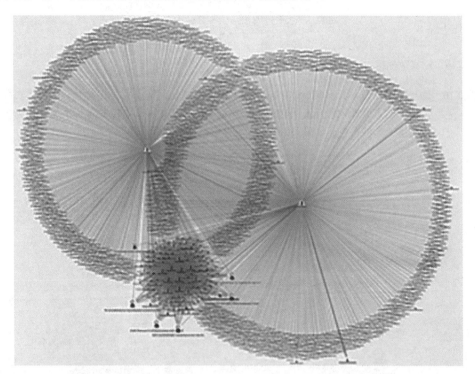

图2.18　识别被恶意软件感染的机器。黄色链接表示企业IT网络中的良性流量；红色链接表明至少有一个感染包的流量。某些机器已经成为高度活跃的机器

下一个图形如图2.19所示，显示来自一台机器的所有流量。结点按流量大小排列，图中清楚地显示出七台机器受到了不成比例的影响。

最后可视化结构如图2.20所示，仅显示网络中受感染的流量。从图中能识别最初被感染的两台机器，在左上方另外十台机器形成一个紧密链接的簇。

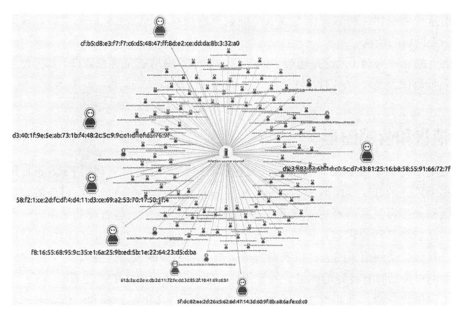

图2.19　识别哪些机器有最多的恶意软件。结点按流量大小排列，图中清楚地显示了公司IT
网络上有7个机器不成比例地受到恶意软件攻击的影响

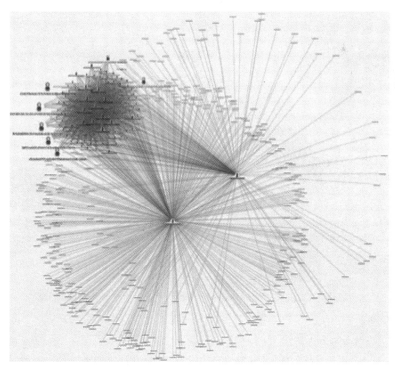

图2.20　恶意软件攻击中隔离感染流量。该图有助于识别恶意软件攻击中最初被感染的两台
机器，左上角另外十台机器紧密链接形成一个簇

有了这种可视化，网络安全专业人员能识别出快速传播恶意软件的机器，或更好地了解外来感染网络的结构。

网络上的异常活动（无论是通过 DDoS 攻击、僵尸网络还是恶意软件）都方便绘制，使 IT 管理员能够限制恶意攻击对其网络造成的损害从而提高其安全性。

2.4 销售和营销图形

社交图形是一个吸引品牌营销人员的热门新潮流。他们希望利用 Facebook 和 Twitter 等工具提供广泛的社交网络数据，以更好地了解其品牌在潜在消费者心目中的地位，并利用这些数据来提高其品牌声誉。查看这些数据的图形能显示一些有趣的结果——不只是谁关注你的品牌及其讨论内容，还包括这些人喜欢的其他品牌。此外，图形可以帮助你识别弄潮儿，其意见受到信赖的人，以及对其他人群有影响力的人。这些人应该给予特殊待遇，以确保他们对你品牌有良好的体验，并希望他们能够传播给更多的关注者。

为了说明这一点，我将给出一个在线扑克的例子。几年前，我和一位企业家合作，他想创办一本针对在线扑克玩家的杂志并希望利用社会网络分析和图形可视化来了解在线扑克世界最有影响力的人。我们创建了一个 Twitter 上谈论扑克最热门的人或公司以及他们关注谁的图形。初始结果如图 2.21 所示。

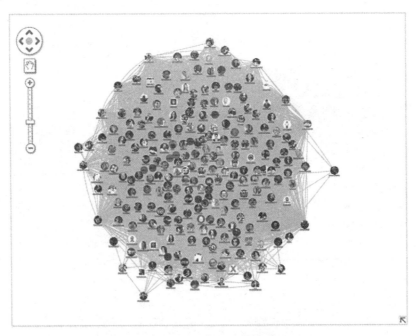

图 2.21 谈论扑克最热门的 Twitter 用户的图形

将每个 Twitter 用户建模为一个结点，其 Twitter 头像作为结点图标。这个凌乱的图似乎不能让我们更容易回答发布商的问题：我必须赢了谁，这样才能让他们支持我的杂志，其他人也会跟进？在这张图中，我们了解到扑克玩家是一个紧密的组织，大多数用户关注大多数其他用户，所以无明显有关键影响力的候选人，但对图做几处修改就能帮助我们取得一些进展。

　　第一步是减少试图在可视化中一次性填充的数量。当链接到所有其他内容时，结点链接可视化并不特别有用。为减少杂乱，需要制定图形筛选标准，设置一个链接是否可见的阈值。由于要在网络上寻找那些有影响力的人，而他们又有很多接触的人，为此我们使用一个称为特征向量中心的社交网络分析中心分数来隐藏不太有影响力的结点并关注更中心的结点。本章前面提到，特征向量中心性是结点中心性的另一个衡量标准。但是这次主要关注网络中的影响力。对数学不做深入介绍，特征向量中心性研究每个结点在一个递归过程中的链接度。不仅关注每个结点有多少个链接，还关注这些链接是如何以及它们是否具有很高的中心得分。

　　利用筛选器对这张图进行筛选以去除中介中心性较差的结点，因为低分结点不可能成为扑克界的影响者，只保留高分结点，结果如图 2.22 所示。

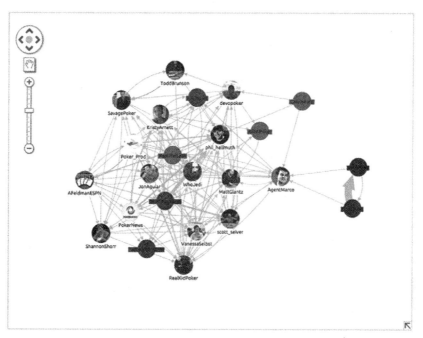

图 2.22　筛选结点只显示那些具有高特征向量得分的，这意味着显示网络中最有影响力的人

　　还是有点混乱，但已有改善。我们只查看这一图中最有影响力的结点。前面步骤中已筛选了结点，对于链接来说这样做也是有意义的。如果两个结点只是相互依赖就不那么重要；也许我们只关注那些更强的链接，也就是两个账户经常在 Twitter 中互相提及的。该结果如图 2.23 所示。

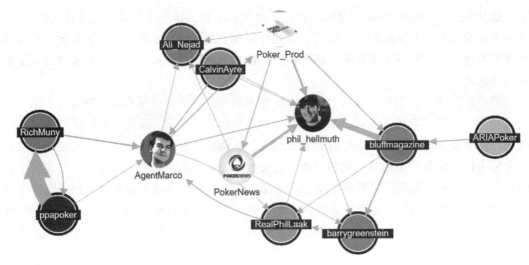

图 2.23 利用关系强度筛选链接，只显示那些紧密连接

图中不难看出，AgentMarco 和 phil_hellmuth 是两个在社交扑克网络中影响最大的扑克玩家。图上剩下的其他结点为其他媒体和新闻传媒。我们也知道他们在 Twitter 上关系最密切，所以如果想找 Marco 或 Phil，我们可以通过首先接近与他们有密切关系的人。但是 Marco 和 Phil 谁是新杂志的更好目标？谁会影响将会形成我们用户群的扑克玩家？图中，我们按照被提及数来确定结点大小，也就是说在另一个用户的 Twitter 帖子中提到的账户次数。我们可以想象，被提及的 Twitter 用户往往比那些只有很多关注者的人更积极。有很多关注者但很少被提及的人可能是有名，但在 Twitter 上并不多。

通过这样做，结果如图 2.24 所示，Marco 比 Phil 结点大一点。

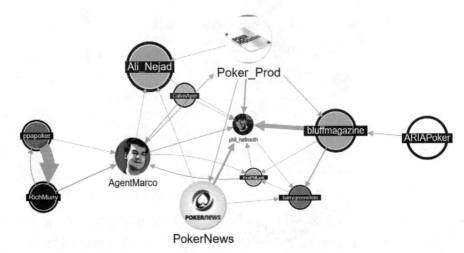

图 2.24 结点大小与其在 Twitter 上的提及次数有关

这个图形和可视化提供了一些了解周围扑克玩家及其参与扑克社区的社交网络的方法。

利用社交网络分析的中心分数对图进行筛选，我们能深入研究一个庞大的看似棘手的数据集来确定 Twitter 上最有影响力的扑克玩家是谁，谁与他们有密切联系，以及谁最常被玩家提及。虽然决策因素很多不仅仅是社交，但我从数据中得出的建议是 AgentMarco 最适合代言。第 3 章将告诉你如何通过 Gephi 从社交网络数据中构建自己的图形。

2.5 小结

本书已经介绍了几个在不同行业中用真实数据进行图形可视化的示例，以及它们能为不同用户提供的价值，从情报分析师到社会营销专家到安全专家。

❑ 由于有大量数据端点，缩小图形有助于识别数据的更广泛的模式。

❑ 放大图形能揭示哪些结点作为中心，全图展示时，这些结点往往很重要，例如恐怖主义分布图。

❑ 筛选或允许用户隐藏或显示结点组，有助于将图形集中在与手头任务有关的内容。

❑ 利用结点和链接的视觉属性（如大小、颜色和线的粗细）映射数据属性，能为用户提供更多信息。

❑ 交易网络很少有大型互联模式；更可能为评价分集中模式。评价分高度集中有可能为欺诈行为。

❑ 社交图或社交网络链接能帮助营销人员更好地了解消费者与其品牌的关系。

本书下一部分将介绍如何根据自己的数据使用工具创建图形可视化应用程序。

第 3 章

Gephi 与 KeyLines 介绍

本章涵盖:

- 两种图形可视化工具比较
- Gephi 简短教程
- 使用 KeyLines 建立可视化 Web 应用
- KeyLines 简短教程

读者可使用多种不同工具来构建图形可视化,而如何选择正确的工具取决于很多因素。由于工具的不同,其能力和用户界面有明显不同,这里我选择后面章节实例中用到的两个工具: Gephi 和 KeyLines。附录中使用另一个图形可视化工具 D3 展示多个不同示例。D3.js 是一种流行的可视化库,但它不是本书重点内容,原因有二: 其一,它是一个通用可视化工具,涵盖多种不同类型可视化,图形仅是其中一小部分; 其二,D3 作为一个底层库,这也意味本书后面章节中讨论某些概念时需要额外内容与源代码篇幅。为更深入讨论 D3,请参阅利亚·米克斯(Elijah Meeks)的《D3.js 实践》(《D3.js in Action》)(Manning,2015)。

每个工具的特点只对使用该工具的人们有意义,同时也会增加大量篇幅,因此其他图形可视化工具本书不做详细介绍。尽管我使用 Gephi 和 KeyLines 来显示书中介绍的许多概念,但其对用于创建可视化的其他应用程序或库也都适用。表 3.1 列出了一些比较流行的图形可视化库,我确信还有其他库未罗列其中。

无论目标是可视化自己的数据还是构建一个图形可视化应用程序,最终用户想要的是研究他们的数据,但其却未必都是数据科学家,这一点很重要。我选择 Gephi,因为 Gephi 是一个著名的可视化工具,已经问世很多年,使用相对容易,易于从平面文件导入到数据集中。它是免费且开源的，GNU 许可证下分发，可从 http://www.gephi.org 下载。示例中使用 Gephi 的可执行程序，不用担心源代码。如果你愿意的话欢迎你下载并编译 Gephi 源代码。结果应该相同。目前 Gephi 0.9.1 为最新版本；如果你有更新版本，教程结果可能不一样，但应该相似。

表 3.1 主流的图形可视化工具列表

D3.js	http://www.d3js.org	开源；图形化可视化；SVG 渲染
Cytoscape.js	http://www.cytoscape.org	开源；主要用于科学数据，但在其他领域也有应用
Cytoscape Web	http://www.cytoscape.org	开源桌面应用程序，最近不喜欢 Cytoscape.js，但仍然有用
GraphViz	http://www.graphviz.org	开源；相当过时但经典。每个人都在使用
Gephi	http://www.gephi.org	创建图形可视化的桌面软件；很多社区插件；本书中用到
KeyLines	http://www.keylines.com	创建定制图形可视化应用程序的商业软件，本书中用到

Gephi 是一个伟大的应用程序，并且是有社区支持的，有能支持多种数据源的插件，如图形数据库。但它只能用于桌面（Windows、Mac 或 Linux）应用程序。它为单用户设计，其 UI 假定有大量技术知识能正确使用。推出业务应用程序时，它可能是希望有一个只有你选择的功能和设计的基于 Web 的图形应用程序。这也是我为什么选择 KeyLines 作为另一个示例工具包的原因。它本身不是面向最终用户的应用程序，而是一个使用图形可视化组件构建 Web 应用程序的 JavaScript 库。因此，它更具有可定制性，但它需要 JavaScript 编程附加到你的数据，并创建你期望的外观和功能。

它不开源，也不免费，但有评估版本可使用。你能从 http://www.keylines.com 下载。全面披露：我在 Cambridge Intelligence 工作，该公司开发了 KeyLines。

3.1 Gephi

Gephi 是由 Gephi 联盟创建的一个开源应用程序，Gephi 联盟为一个法国非营利组织，拥有一群帮助形成需求并推动产品未来发展的全球各地成员。它是一个可扩展的桌面应用程序，并且能从社区获得许多插件。本教程中使用基本的 Gephi 应用程序，无需任何定制，但后面章节会演示高级功能。

本教程中，使用 Gephi 来分析波士顿申办 2024 奥运会期间的社交媒体反应。正如我写的那样，围绕申奥的争议激烈，约有一半马萨诸塞州人支持申奥，一半人反对。我们将创建一个 Twitter 上讨论该问题的人的网络，看看能学到什么。这将分三个阶段展开：首先，使用 Netlytic 获取数据；然后，将数据导入 Gephi；最后，使用 Gephi 的部分功能自定义可视化。由于 Twitter 上看到的数据不可避免地与 2015 年底的分析结果有所不同，所以我在 Manning 网站上提供了示例所使用的数据。

3.1.1 获取数据

从网址 http://www.netlytic.org 下载一个名为 Netlytic 的工具用来获取你的 Twitter 数

据。其产品的免费版本允许你在三个不同的数据集中保存多达 1000 条记录，这足以满足我们的需要。

创建一个免费账户并将其链接到你的 Twitter 句柄后，你就看到一个名为"新数据集"的选项卡。在这里，你会告诉 Netlytic 找到与特定用户名或主题标签相关的所有 Twitter 帖子。我们将 boston2024 作为搜索词，并最后获得使用此标签的 1000 个帖子。下一个网页显示收集的 Twitter 表，如图 3.1 所示。

LINK	PUBDATE	AUTHOR	TITLE
http://twitter.com/02129toonie/statuses/611994281440804160	2015-06-19	02129toonie	RT @NoBosOlympics: The biggest costs of an Olympics arent venue construction, theyre the opportunity costs of more important things pushe...
http://twitter.com/103IBEW/statuses/612047621172166656	2015-06-19	103IBEW	Dorchester Avenue would be Olympic thoroughfare http://t.co/zClh600BKg @BostonGlobe #Boston2024 #Olympics
http://twitter.com/413Tweets/statuses/612246963111755776	2015-06-20	413Tweets	RT @efalchuk: Except the senate voted 22-17 against a measure that would have barred their use for #Boston2024. https://t.co/3UGHpryERc
http://twitter.com/4Coppinger/statuses/611992230174289920	2015-06-19	4Coppinger	RT @BrendanMJoyce: We are anxious to open our doors & share our nation & hospitality with participants & spectators from all over the worl...
http://twitter.com/4Coppinger/statuses/611995798151299072	2015-06-19	4Coppinger	MUST READ: Some opposing #Boston2024 need be civil especially to reporters covering this story. @jayfallon @leung http://t.co/z1CDIMLPrF

图 3.1　波士顿 2024 年申奥帖子表。阅读每个帖子都很乏味并且会忽略它们间的联系

现在，这只是一个 Twitter 的列表，而不是一个网络。网络需要数据元素之间的连接，这里为 Twitter 账户和其他 Twitter 账户的引用。为此，跳过标签为"Text Analysis"的选项，如图 3.2 所示，直接进入第四个选项卡，即"Network Analysis"，如图 3.3 所示。

图 3.2　Netlytic 获取 Twitter 数据的五个步骤

此过程将自动刷新你的数据集中的每条帖子，同时寻找海报和所有引用的账户。每个账户将由一个结点来表示，每个提到其他账户的帖子将被表示为海报和其他账户之间的链接。所以我的数据集中的第一条帖子，如图 3.1 所示，是 02129toonie 的一个帖子，标记了 @NoBosOlympics 账号。这将在网络中表示为一个从 02129toonie 结点到 NoBosOlympics 结点的链接。

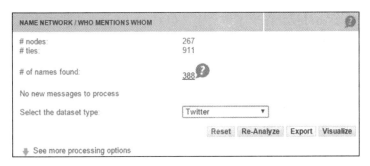

图 3.3　Netlytic 网络分析页面

如果有来自 02129toonie 的多条帖子提到 NoBosOlympics，这体现链接的权重属性。你通过单击 # 找到的名称旁边的链接来查看收集的结点列表。现在，你需要将该数据导成 Gephi 识别的文件格式。单击导出按钮。（请不要点击可视化按钮——这会创建一个功能不是很好的 sigma.js 实现，附录中将会介绍 sigma）。Netlytic 会让你选择以 Gephi 能够识别的 UCI-Net 格式或 Pajek 格式导出。本该中使用 Pajek 格式，区别仅仅是文本文件的格式化，而并非是实质性的。单击导出并选择格式后，Netlytic 将通过电子邮件发送一个链接以便下载该文件。

3.1.2　导入数据到 Gephi

Gephi 识别从 Netlytic 导出保存的 Pajek 格式，所以在打开 Gephi 后，创建一个新项目，导入数据到网络。这个过程简单，不会收到任何错误，但最初结果看起来很糟糕。图 3.4 为 1000 条波士顿 2024 申奥的 Gephi 初始图。

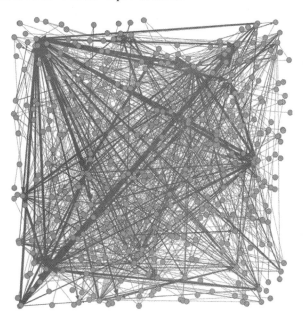

图 3.4　1000 条帖子的无组织的图形可视化。为使其有用，还有很多工作要做

你从原始表中要比可视化图形了解更多。但 Gephi 工具能提供一些功能，如允许解析数据，布置结点，筛选和着色结点和链接，有助于你了解数据。

3.1.3 用布局可视化组织数据

Gephi 内置了多种不同布局算法，在窗口左侧的 Layouts 面板中选择。如找不到，该面板可能被隐藏；在"窗口"菜单中单击"布局"将其还原。这里你可改变从 Gephi 加载数据到某个组织中随机放置的结点位置让其更有意义，更易于理解。

本书第 2 部分中详细介绍布局，但现在就鼓励你使用布局选项，看看哪些选项会产生有用结果。在我的数据集中，Fruchterman-Reingold 布局产生最易读的图形——标准力导向布局的一种变体，使用物理原理对图形进行建模。结果如图 3.5 所示。这是一幅更令人愉快的图形，但仍旧不是特别有用。

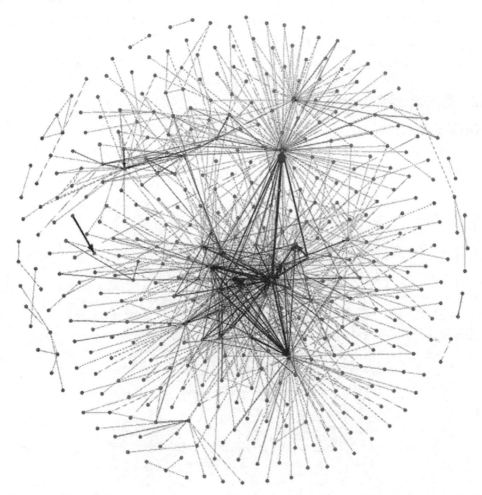

图 3.5　应用 Fruchterman-Reingold 布局后，能看到中心图。记住，宽边代表多个 Twitter 帖子

力导向的布局

　　力导向系列布局将图形建模为弹簧，为两个结点之间建立一个链接并产生吸引力，同时两个无链接结点产生排斥力。然后计算每个结点的力，并在计算方向上对该结点移动适当距离。重复此过程，直到每个结点不再移动（达到预定迭代次数）为止。力大小通常可定制，允许用户确定图形的紧凑性：与排斥力相比较高吸引力产生小型紧凑的图形，相反的力会使图形分散。这种布局好处在于将最好链接的结点放在图形中心附近，而链接数较少的孤立结点则远离中心。第 7 章将更详细地讨论布局。

　　你能在网络中心看到一个关键组，它们彼此间相互交错，边缘上有一些只有一个或两个链接的孤立结点，但未显示哪些账户。为此需要对其标签。

3.1.4　了解标签内容

　　标签在图形可视化中很重要。你必须要能告诉读者正在看什么；否则，这只是一张漂亮图画。但标签也可能碍事。如果结点或链路上文本太多会掩盖网络结构，让其难以辨别。图形视图左下角的灰色 T 图标用于关闭和打开标签，图标右侧的滑块可用于控制标签文本大小、颜色和透明度。图形中添加太多标签时要注意，因为布局算法在决定结点位置时不考虑标签大小。因此，标签可能彼此重叠，使其很难阅读。图 3.6 展示了每个结点带有标签的图形。仍然一团糟，因为我们试图同时绘制太多的数据。

3.1.5　筛选

　　接下来对这些数据进行筛选。筛选是减少可视化大小的最基本方法，只显示与分析相关的结点和边。Gephi 有一个强大的筛选引擎，允许你定义复杂的筛选器查询控件的可见性。这时，不关心那些孤立结点，这些结点只有一个或两个链接到网络的其余部分；这些账户在一两个 Twitter 帖子中被提及，但不太可能成为理解核心。需要将其删除以使图形不那么凌乱。

　　我们将基于结点度进行筛选，这是每个结点对其拥有的链接数进行计数的分数。这里我们只看度，不关心其他链接是指向还是远离结点。但是，如果方向很重要就改为使用"度"或"外度"，这只是计算。想隐藏少于 6 个链接的结点，在右侧的"筛选器"面板上，展开拓扑文件夹，并将"度数范围"项拖到"查询"下方面板中。这样操作后，底部会出现一个滑动条，允许设置应显示度的范围。这里选择 6 到 100，也就是结点超过 6 和少于 100 个链接会被显示，少于 6 个链接将被隐藏。结果如图 3.7 所示；它创建了一个更可读的图形，尽管你可能想重新运行布局。

　　能在这个网络中找出一些关键账户：no_boston2024，关键客户可能反对申奥（根据名称）；现波士顿市长的官方账户 marty_walsh；当地主要报纸的 Twitter 账户 bostonglobe。我们仍然不太可能从这个图形中得到什么，接下来我们将尝试添加大小和颜色。

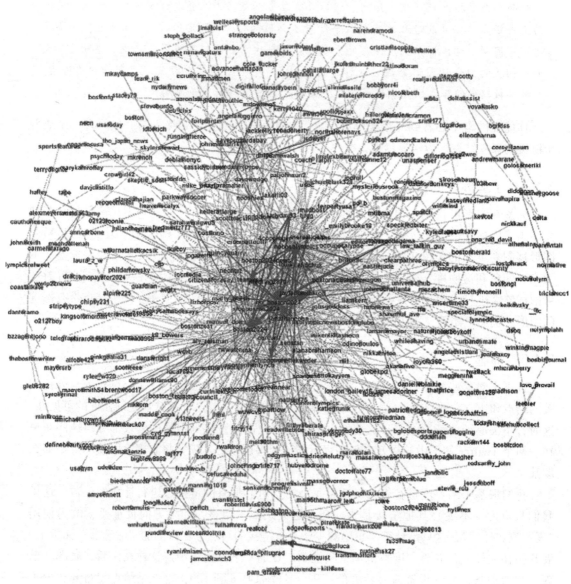

图 3.6 每个结点上带有文本标签的 Twitter 图形。在这一点上，它们添加了太多混乱

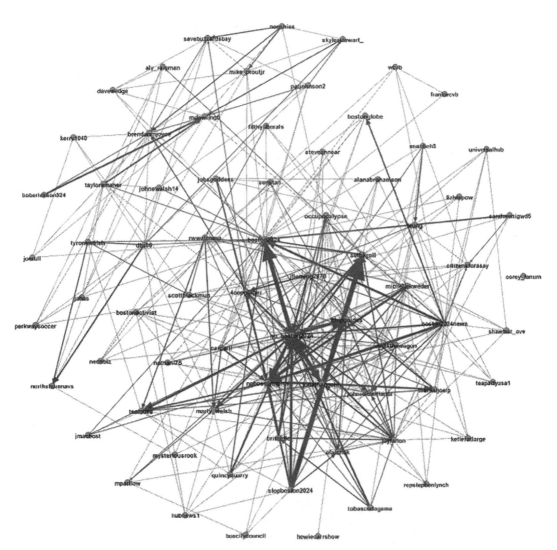

图 3.7　从图形中删除孤立结点，只留下有更多关联的发帖人

3.1.6　大小

　　人脑和眼睛含蓄地认为较大的物品比较小的物品更重要。因此，大小是一个有价值的度量标准，用于表示结点和链接的重要性，但需要定义它。这时，希望把用户的眼睛吸引到一起持有这张图的主要账户上。为此，我们将利用 Gephi 中使用的称为特征向量中心的另一个中心分数。这是一个递归算法，其给结点赋予高分值，并且这些结点拥有大量与其他自身高度连接结点的链接。为计算特征向量中心选择统计面板，它是 Gephi 中"筛选器"选项卡旁边的单独选项卡，并在"Node Overview"运行特征向量中心算法。这不会改变可视化，但它能完成这些分值与图形中结点的视觉属性绑定。

为此，转到图形可视化文件左侧的"外观"面板。外观是 Gephi 的术语，用于缩放图形数据属性中的结点或链接的一些视觉属性。从大小开始，选中"结点"面板后，单击调色板右侧三个不同大小圆圈的图标。然后选择"属性"选项卡，在"选择属性"的下拉菜单中，选择"特征向量中心"，即你之前刚刚计算的度量值。

这里你可用指标来获得一个满意结果——我运气最好，最小的 5 号，最大的 80 号。默认情况下，大小与所选指标为线性变化，这对中心分数很有效，但是如果指标变化较大，可能使用样条工具。这适用于你自定义的非线性变换，也可以使用所提供的模板，如对数。线性模板适合本示例。通过单击样条来设置，显示结果如图 3.8 所示。这次 Twitter 辩论中的一些关键账户问题现在已经变得明显了。

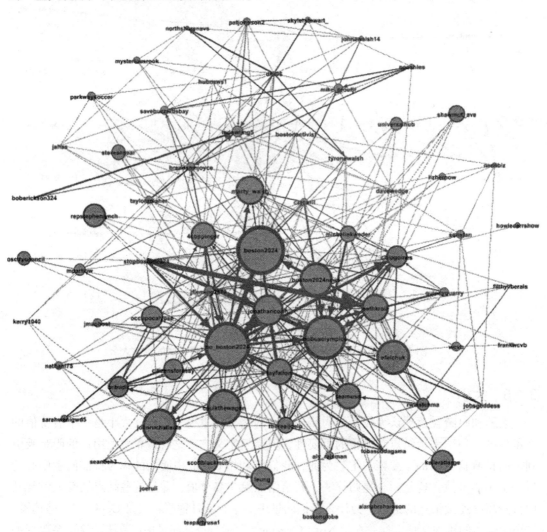

图 3.8　根据其特征向量中心得分对结点进行大小调整。最大结点在整个网络中影响最大

3.1.7　颜色

现在将结点分成几组。这被称为社区检测，Gephi 通过根据其常用链接将结点分配到类别中来实现。返回统计信息面板，单击运行（模块化旁边）。我们现在一直使用默认参数，但如果 Gephi 正在识别太多社区或仅仅两个社区，那么你可微调。

定义：社区是讨论图形时的精确术语。这是一组结点，成员之间的联系比成员与其他结点之间的链接要多。例如，Facebook 上我的朋友社交网络中，很容易识别出别的朋友群。我的大学同学彼此都认识，我的同事彼此都认识，我的邻居彼此都认识，但除我以外，这些群体之间几乎没有联系。结果，他们形成了社区。

所用数据集中，Gephi 确定了不同大小的五个离散的结点社区。现在要根据分区面板上的这个社区来对结点进行颜色标记，然后在左侧进行排序。"结点"选项卡上，下拉列表将列出具有离散值的全部度量。目前 Modularity Class 为唯一选项。选择此项将根据找到的社区为每个结点分配一种颜色。再次运行 Fruchterman-Reingold 布局以清理事物，结果如图 3.9 所示。虽然这张图在印刷书籍中以灰度显示，但这本书有彩色插图。

社区检测不是魔术，只是根据谁向谁推荐来识别这些群体。但这些模式很有启迪作用。有大量内部链接和很少外部链接的组很可能有共同的东西，那些支持波士顿申办奥运的群体，自然会支持或反对申办。

3.1.8　最终产品

经过布局、缩放、筛选和着色后能获得一个显示围绕波士顿 2024 申奥的 Twitter 社区的图形可视化。该可视化中，Gephi 将反对申奥（如 no_boston2024 和 nobosolympics）的账户及其链接着色为绿色。关键账户图标较大更易于吸引眼球。你发现这是一个紧密组织，该组织大多数成员至少一次提到该组其他成员。（Gephi 并不完美；市长 Marty Walsh 支持申奥，却被算法着色为绿色，因为反对申奥的 Twitter 用户相比那些支持申奥的用户会更多地提及他。）紫色用来着色官方账户或中立方如官方申奥 Twitter 账户 boston2024；boston2024news 或报纸 Twitter 账户 bostonglobe。红色用来着色支持申奥的人，如图所见，从一组到另一组的链接很少。其实除了官方账号，用户 4coppinger 是唯一直接与双方接触的人。因此，如果我是名中立的仲裁员，试图找出能解决这一争端的人，自然会选择该用户。

总之，Gephi 对于那些熟悉其数据，了解数据建模和图形算法，并且想通过一个点击界面来生成静态可视化的人来说是一个很好的工具。它能快速获得不错结果，因为它是桌面产品而不是基于 Web 的产品，能使用更大的图形。很容易处理有 10 000 个结点的图。Gephi 也有缺点，它有一个社区支持（文档较少）工具，但仍处于测试阶段。另外它基于桌面，所以不能支持大量用户；需要用户了解图论——尽管最新发布的 0.9 版本有了重大进步。接下来介绍 KeyLines，这是一个基于 Web 的工具包，用于将图形可视化集成到自己的 Web 应用程序中，也就是它更支持自定义，但需要 JavaScript 编程，而且对大图有一些性能限制。

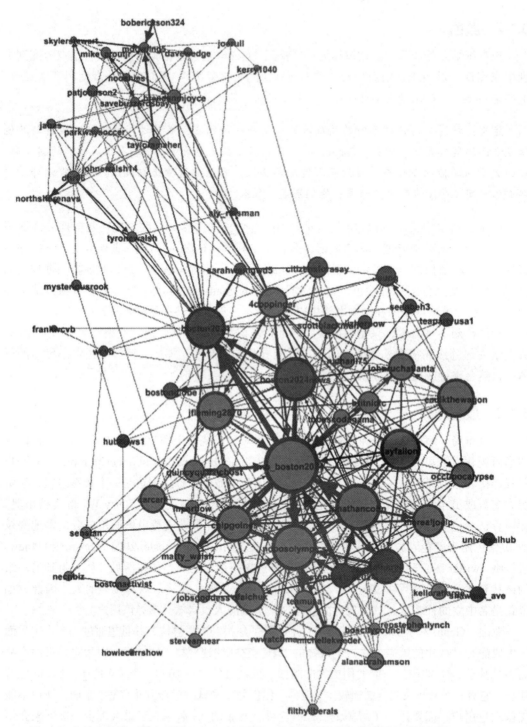

图 3.9 在结点被社区着色后的 Twitter 帖子图。现在通过颜色知道谁属于哪个团体：亲奥运，反奥运，还是中立

3.2 KeyLines

虽然 Gephi 非常适合建立自己的可视化，但对于一个真正的互动体验，有时更好的解决方案是自己构建可视化应用程序，或者将图形可视化功能转移到现有的 Web 应用程序中。这时 KeyLines 很适合。本节简要介绍 KeyLines，这里假定你已基本了解 JavaScript 和 Web 应用程序开发概念。所以对 Web 服务器托管、开发环境或数据库开发不做详细介绍。福特·尼尔（Neal Ford）编著的《Java Web 开发艺术（Manning，2003）》(《Art of Java Web Deuelopment》）很适合读者学习这些知识。

KeyLines 作为一种商业 JavaScript 组件，能在 Web 浏览器中渲染图形可视化，并被设计为企业环境支持的组件。它包含图形上添加和操作数据的函数调用，以及捕获用户操作（如单击、双击和拖放）的事件，以便捕获该操作并让应用程序作出响应。虽然这样做有一定的灵活性，但也带来一些复杂性，也给获取 KeyLines 的期待行为方式带来一些难度。这里给出一个使用 KeyLines 构建 Web 应用程序并添加一些示例数据的简短教程。也是让你开始的一个基本示例。我们将在每章的基础上，增加更复杂的功能。本书最后，我们将有一个强大的图形可视化应用程序。

> **下载 KeyLines 并配置 JavaScript 环境**
> 相对 Gephi 来说，KeyLines 既不免费，也不开源，但推出 KeyLines 的 Cambridge Intelligence 公司允许用户有两个月的免费评估使用期限。可通过 http://cambridge-intelligence.com/visualizing-graph- data / 来获取该评估。

使用 KeyLines 时可使用任何兼容 JavaScript 的开发应用程序。简单起见书中只使用通用文本编辑器。我喜欢 TextMate，主要是喜欢高亮语法，当然其他软件也可以。免费下载在 https://macromates.com/download。

3.2.1 编码 HTML 页面

下一步创建一个包含 KeyLines 的 HTML 页面。完整的 HTML 代码能从本书网站下载，无需重新输入任何内容。

HTML 页面中，需要添加对 KeyLines JavaScript 文件的引用：

```
<script src="js/keylines.js"></script>
<script src="js/jquery-1.10.1.js"></script>
```

还需要设置页面中 KeyLines 用到的自定义字体。只需要在 / fonts 文件夹中添加对 CSS 文件的引用即可：

```
<link rel="stylesheet" type="text/css" href="css/keylines.css">
```

此测试页只有 KeyLines，就在 DIV 元素中，只需在 HTML 的正文部分添加以下下内容行即可：

```
<div class="box" id ="drawingID" style="width: 818px; height: 586px; border:
4px;"></div>
```

向 KeyLines 应用程序添加更多功能时，这部分代码将变得更加复杂。

3.2.2 编写 KeyLines JavaScript

对于已有 HTML 文件。接下来需要添加 JavaScript 来加载 KeyLines 并提供一些数据来可视化。尽管通常会将其添加为单独的 JavaScript 文件，但本教程直接将其嵌入到 HTML 文件中：

```
<script>
$(window).load(function () {                          文字渲染
                                                      模式
KeyLines.mode('canvas');                                        设置 asset
KeyLines.setCanvasPaths('assets/');                             路径
KeyLines.create ('drawingID', /*id*/
                        callback); /*callback*/
});                                                   加载组件：设置 id
function callback(err, chart) {                       和 callback
 chart.load({
    type: 'LinkChart',
    items: [{id:'id1', type: 'node', x:150, y: 150, t:'Hello World!'}]
  });
}
</script>
```

Create 查找指定 ID 的 DIV 元素（本例中为 drawID），并用 KeyLines 组件将其替换。chart.load 按照 KeyLines 评估站点的"对象格式页面"说明将数据加载到图形中。

加载页面到浏览器就会出现一个非常简单的 KeyLines 应用程序，如图 3.10 所示。

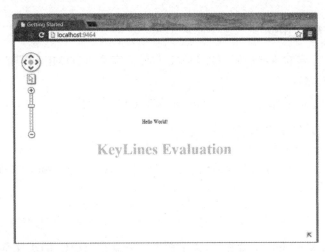

图 3.10 Google Chrome 中运行的 KeyLines 图。该图无数据，不是一个单一的 Hello World！结点

3.2.3　KeyLines 与数据绑定

KeyLines 最常见用途是从已存数据中可视化数据，不管是 Neo4j、Titan 或 InfiniteGraph 这样的图形数据库还是 SQL 关系数据库或其他数据等。

为了教学目的，需执行以下操作：

❏ 使用 jQuery 中的 Ajax 函数加载 JSON 字符串。

❏ 使用 JavaScript 对其解析。

❏ 使用已有数据加载 KeyLines 图形。

下面显示 JSON 格式的一些简单示例数据。将命名为 JSONFile.json 的文件复制到网站的根文件夹。

```
{
  "items": {
    "nodes": {
      "node": [
        {
          "id": "1",
          "name": "Charles",
          "color": "blue"
        },
        {
          "id": "2",
          "name": "Grace",
          "color": "black"
        },
        {
          "id": "3",
          "name": "Stephen",
          "color": "red"
        },
        {
          "id": "4",
          "name": "Carlos",
          "color": "green"
        }
      ]
    },
    "edges": {
      "edge": [
        {
          "id": "5",
          "endfrom": "1",
          "endto": "4",
          "strength": "4"
        },
        {
          "id": "6",
          "endfrom": "4",
          "endto": "3",
```

```
            "strength": "1"
        },
        {
            "id": "7",
            "endfrom": "2",
            "endto": "4",
            "strength": "10"
        },
        {
            "id": "8",
            "endfrom": "2",
            "endto": "3",
            "strength": "1"
        }
    ]
  }
 }
}
```

该文件结构很简单。有两个列表：

❑ 结点，每个结点都有唯一 ID。

❑ 边，结点间的关系，以"endfrom"和"endto"作为两个终点。

结点和边具有定义特征的标签：

❑ *Name tag* 定义结点标签。

❑ *Color tag* 定义 KeyLines 绘制的结点的颜色。

❑ *Strength* 定义链接的宽度。

接下来使用 JQuery 的 Ajax 函数将 JSON 文件加载到内存中，以便进行查询——替换之前的 callback：

```
function callback(err, chart) {
    $.ajax({
        type: "GET",
        url: "JSONFile.json",
        dataType: "json",
        success: function (json) {
            ParseJSONData(json, chart);
        }
    })
}
```

将其添加到上一个函数中 window.load 下的 callback 函数中。

现在内存中有 JSON 对象，需要从源数据创建 KeyLines JSON。将该函数添加到代码中：

```
function ParseJSONData(JSONObject, chart) {        迭代 JSON 数据中
                                                    的每个结点
    var requestData = new Object();
    requestData.type = 'LinkChart';                设置图形对象
    requestData.items = [];                        的属性
```

```
for (var i = 0; i < JSONObject.items.nodes.node.length; i++) {
    var nodeid = JSONObject.items.nodes.node[i].id;
    var nodename = JSONObject.items.nodes.node[i].name;
    var nodecolor = JSONObject.items.nodes.node[i].color;
    requestData.items.push({ id: nodeid, type: 'node', t: nodename,
c: nodecolor })
}
for (var j = 0; j < JSONObject.items.edges.edge.length; j++) {
    var edgeid = JSONObject.items.edges.edge[j].id;
    var edgefrom = JSONObject.items.edges.edge[j].endfrom;
    var edgeto = JSONObject.items.edges.edge[j].endto;
    var strength = JSONObject.items.edges.edge[j].strength;
    requestData.items.push({ id: edgeid, type: 'link', id1: edgefrom,
id2: edgeto, w: strength })
}
chart.load(requestData);
chart.layout();
}
```

从 JSON 文件获取每个结点

为每个结点创建 JSON 对象

获取每条边的细节

用链接宽度作为力度创建链接的 JSON 对象

运行标准布局

用早期循环中创建的数据加载图形

现在应该有一个正在加载外部数据（从内存）的 KeyLines 应用程序，将其显示为图形，如图 3.11 所示。

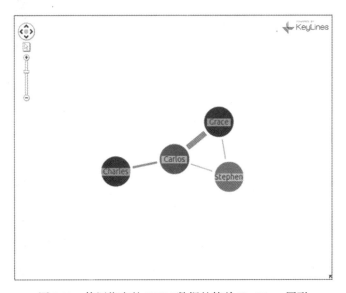

图 3.11　使用指定的 JSON 数据的简单 KeyLines 图形

3.3　小结

本章中，你基本了解了 Gephi 和 KeyLines 的优缺点，使用其中一个或另一个最适合自己的，同时深入探讨如何使用这些工具创建每个图形可视化。

Gephi：

❑ 非常适合数据科学家查看自己的数据。

❑ 可视化数据主要来源与平面文件，尽管有数据库连接插件。

❑ 社区发展和社区支持。

❑ 开源且免费。

KeyLines：

❑ 适于 Web 浏览器中的 JavaScript 库的图形可视化。

❑ 交互通过 JSON 数据。

❑ 可嵌入在一个较大的 Web 应用程序中。

❑ 通过捕捉用户行为进行互动。

❑ 商业软件且非开源。

第二部分 *Part 2*

可视化自己的数据

　　本书第二部分介绍 Gephi 和 KeyLines 使用技术来帮助你构建令人信服的、有效的可视化并学会如何避免某些可能使读者混淆图形的陷阱。首先介绍风格，图形中传达有趣且相关的信息方法并且能避免无用的杂乱。其次讨论互动性，让用户参与你的可视化便于他们找到所要的东西，并能以适当级别查看数据。然后，讨论特定类型图形的一些详细主题，例如，使用随时间变化的动态图形，以及包含空间坐标数据的地理空间图。技术附录中提供示例源代码便于读者掌握使用 D3.js（一种主流数据可视化库）实现可视化图形。

Chapter 4 第4章

数据建模

本章涵盖:

- 什么是数据模型
- 如何将表格数据转换为图形数据
- 图形数据库怎么样
- 键值存储怎么样

希望前几章内容能让你认识到图形的价值,但很多情况下数据不方便组织成结点和链接。本章向你演示如何以表格或键值格式获取数据,并以结点和链接的形式表示数据,便于可视化。数据很少以一种有用的图形方式进行本地组织,所以必须进行重组。

把数据想象成大量的电子表格。为将这些数据可视化为图形,必须通过电子表格中的条目来选择哪些条目表示结点,哪些条目表示关系,哪些条目可被丢弃。该过程称为数据建模。图形模型是数据元素及其相互链接的逻辑视图,不考虑数据在数据库中的存储方式。数据模型是你希望用数据来回答的问题。相同数据有多个不同的图形模型。本章将演示如何从不同类型的数据中导出模型,并讨论一些工具,如图形数据库,允许你以图形格式高效地存储数据,完全避免建模任务。

4.1 什么是数据模型

数据模型定义一组数据的结构,有助于确定数据集中的重要元素,例如人员、汽车和位置及其相互关系。即使未被明确定义,每个有组织的数据集都会有一个数据模型。本节介绍如何将表格数据和键值存储进行图形建模从而易于可视化且更直观。

4.1.1 关系数据

自从 20 世纪 60 年代出现关系数据库，它便一直是存储数字数据的主要方法。使用非常直观的格式，关系数据库也称为表格数据，数据在一个或多个表中用表示真实对象的记录（行）表示。尽管通常能在网格中可视化，但将该数据可视化为图形仍有很大价值。有列和行的表总是难于转换成结点和链接，因此必须对其进行其他转换。

如表 4.1～4.4 所示，设想下四个关系数据库表。

表 4.1　学生注册样本

键值	名	姓	电话号码
1	Corey	Lanum	775-6665
2	Stella	Gerrity	431-1411
3	Toby	Quenton	810-9184
4	Marie	Jeanne	481-2414

表 4.2　教师注册样本

键值	名	姓	电话分机
1	Ronan	Christianson	516-4125
2	Josie	Larkin	431-1411
3	Neige	LaFontaine	516-8637
4	Ferris	McGillicutty	410-7314

表 4.3　教师样本目录

键值	教师	课程名称
1	4	宪法
2	1	海滩安全
3	2	微积分Ⅱ
4	3	法语口语

表 4.4　班级注册样本，表 4.1 和 4.2 组合的数据元素表

学生	班级	学生	班级
1	4	3	1
1	3	4	2
2	3	4	1
2	4	4	4
2	1		

这个简单示例中，数据库描述了学生、教师、班级以及哪些教师和学生参与哪些课程。数据模型定义了这个结构：每个班级都有一名老师，但有任意多位学生。这里关系是隐含

的，但可假定教师与班级的关系为授课，学生注册到该班级。第四个表格允许将多位学生与一个班级联系起来。表 4.4 在 RDBMS 中是必需的，因为每个表必须具有固定的列数，不允许有一个列出每个班级全部学生的表。

定义一个模型仅仅是为了使这个结构显式化，如图 4.1 所示。

许多人首先构建数据模型，然后将数据放入其中。这有助于组织数据，使数据易于理解，但如果数据不符合模型的话，就不那么灵活了。出现这种情况时需要重新开始创建一个新的数据模型。这会导致无模式数据库的爆炸式增长，让其模型得到动态扩展。

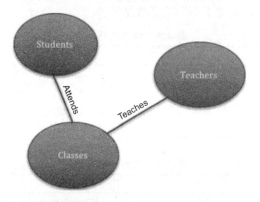

图 4.1　表示上表中关系的图。该图形模型与数据库的表结构非常相似。数据模型中选择将四个表中的学生，教师和班级作为结点

因此，数据模型是对包含在数据中的真实世界对象的描述。第一个模型中，它大致与表结构相一致（如果问题是关于哪位学生选修哪些教师的课程），并且将电话号码作为学生和教师结点的属性。这样做非常好。但也很容易地选择另一个问题来回答电话信息的前沿和中心。如果想发现这些数据中的呼叫模式，那么你有可能更喜欢使用另外的模型，如图 4.2 中所示。这样做有助于揭示学生与老师分享同一个电话号码。

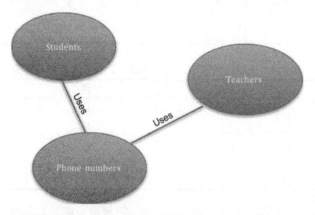

图 4.2　前面显示表格数据的替代模型。没有电话号码表，如果有数据问题涉及电话，就将电话号码建模成一个结点，这可能是有意义的

4.1.2 键值存储

数据库（如 CouchDB）存储有大型键值时，物理模型和逻辑模型之间的关系会变得更加微妙。下面列表中的数据，既有键又有值。与上一节的表有相同数据，这里未列出整个数据集。

清单 4.1 表格数据库子集，表示为一系列键值

```
{name: 'Corey Lanum', role:'student'}
{name: 'Corey Lanum', phoneNumber:'775-6665'}
{name: 'Corey Lanum', class: 'Conversational French'}
{name: 'Corey Lanum', class: 'Calculus II'}
{name: 'Ferris McGillicutty', role: 'professor'}
{name: 'Ferris McGillicutty', class: 'Constitutional Law'}
```

这是表 4.1 ～ 4.4 中标识数据的一个子集，未对数据施加任何结构。尽管到目前为止看过学生、老师和班级，但下一条记录可能涉及一组全新的属性。对这种存储数据强加一个模型有点困难，但也有可能，而图 4.1 和 4.2 都是该数据的合理模型。为了灵活性采用键值存储。这些都是无模式数据库，也就是不需要对数据提前分类。为在该数据上强加一个模型，需要查看经常使用哪些值，并决定这些值是否为表示对象或对象本身的属性。

数据模型是数据的组织结构，其设计依赖于想用数据来回答的问题。下节中将讨论第 1 章中介绍的图形模型，该模型根据结点和链接组织数据，并允许其使用结点链接图进行可视化。

4.2 图形数据模型

模型非常有用，能帮助你更好地了解数据库所包含的数据。图形模型只是一种数据模型，它本身通常表示为一个图。从数据中派生出来的结点和链接的列表，能表示它们如何相互链接以及在哪些数据中能找到这些项。图 4.1 和 4.2 是表 4.1 ～ 4.4 的表格数据的图模型。

4.2.1 确定结点

图模型是数据中的结点和链接类型的列表，因此第一步要确定结点。当结点类型由数据库中的表（例如示例中的学生和教师）表示时，就很容易，但是当希望结点代表数据库中不是整个表的具体内容时，例如电话号，情况就会不同。这时，需要提出如何在数据中定义一个唯一项。在电话项下，电话号码唯一标识电话（这是与电话相关的唯一属性），所以即使没有电话表，我们也能在数据中找到每个唯一电话号码的具体实体并合并这些记录来表示单个电话，如图 4.3 所示。

选择要用作唯一标识符的属性很重要，特别是可视化数据。尽管可以摆脱将数据中的每个"Corey Lanum"实例合并到代表我的单个结点中，但名为"David Smith"的人可能会反对，因为数据中可能有几十个同名的人但实际上并非同一人，如图4.4所示。

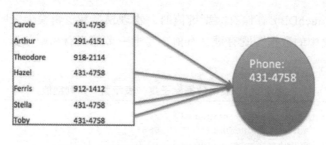

图4.3 复制的电话号码能表示单个实体

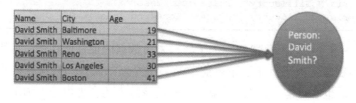

图4.4 David Smiths 代表谁

如果某个 David Smith 有犯罪史这将会产生问题，例如，数据中所有的 David Smith 都会显示有过犯罪史。即使有电话号码也不起作用。想象一下，学生和教师名单（表 4.1～4.4）会很长，两人碰巧共用一个电话号码。可视化将会显示学生和教师都链接到同一个电话，但并不一定意味着他们正共享一个电话；该数字本来可以放弃，以后再回收。这个问题被称为身份解析或记录链接，已有几十年历史了。它比描述的更复杂。你可能希望在单个结点下合并多个记录，即使无任何属性是完全匹配的；设想表4.5中的情况。

表 4.5 三种关联 David Smith 数据的显示方法。匹配出生日期表明它可能是 David Smith，但自动化过程很难理解，因为无字段匹配

姓名	出生日期
David Smith	10/22/77
D. Smith	22-Oct-77
Smith, David	October 22, 1977

这时，记录很可能指向同一人，但是字段不相同，这会让算法难以做出决定。有多种软件来帮助解决这个问题，但了解图形可视化的局限性非常重要。

不希望多个结点代表相同事物，因为模式会被遗漏，但更糟糕的是，记录不正确合并时，会认为存在一个模式。想象一下，拒绝给 David Smith 抵押贷款，因为默认他有 15 张信用卡，实际上有 15 个不同 David Smith！

4.2.2 确定链接

上节介绍如何确定数据中的结点，或者表中记录，如表4.1～4.4中的学生和教师，或

诸如电话号码这样的共同属性。它们通常是整个表或记录的一个或多个属性的唯一实例，但链接怎么样？一个结点链接到另一个结点时如何定义？有时你很幸运，数据库里有特定的链接表，就像学生注册一样。表中的每条记录表示学生和班级之间的一个链接，表示学生在该课程中注册。结果如图 4.5 所示。

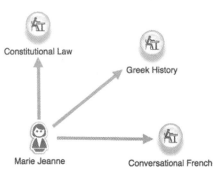

图 4.5　Marie Jeanne 的课程图

可是有时表中无明确定义需要推断一个链接。同一条记录的两个结点作为其链接基础。之前数据中，如果我们决定让手机成为一个结点，那么每位老师和每个学生都会与其电话号码链接，结果图形上会出现两个学生或老师使用同一个电话号码。有时一个表的一行包含多个结点，想象个人表包含每人的详细信息、地址、电话号码、配偶名字等等。每个人为单独结点，或者是个人的原始属性。键值存储也一样；如果不同记录中两个键共享相同值，那么这就是绘制其链接的基础。

该如何处理多个链接。如果一张表有多条记录将学生与电话号码链接，这是多重不同关系或同一关系的多个实例？有时为前者。再从第 1 章的安然案例中查看电子邮件通信，每条记录代表了安然公司高管间的电子邮件，重要区别在于了解两人是否发送过一封或几百封电子邮件。

链接方向

数据集中用多重关系建模数据有三种主要方式：单、有向和多重。

单——该关系的所有实例无论出现多少次都应合并到图的单个链接中。这对于开关型关系很有用，其中唯一区别是是否存在链接。

有向——该关系的所有实例在特定的方向都该合并，但不能与反方向的链接相结合。比如查看一个金融网络，那么我把资金转给你，你也把资金转回给我，但对我们间有多少交易并不感兴趣。

多重——具有两结点链接数据中的所有实例都应单独表示。两结点间的每个链接代表一个单独关系，这点非常重要。比如正看包含电影男女演员的 IMDB 类型的数据集，有人既是演员又是导演，这是相关信息，在我的图上将看到两个链接。

4.3　图形数据库

到本章为止，一直讨论如何将不同类型的数据存储建模为图形。但有一种不需要建模的数据存储格式：图形数据库。本节简要介绍图形数据库，并讨论它们对图形可视化的用处，但不是必需。

过去大约 15 年的时间里为充分普及图形，开发人员设计了一些专门支持图形的数据库。这些数据库的主要价值在于物理模型匹配——或者至少接近逻辑模型匹配。也就是无需复杂的建模任务；一开始，所有数据就都存储为结点、边或属性，所以无需将数据转换成这些类型。另一好处，能查询复杂问题，哪些问题与其他问题有关，而无需通过极其复杂的查询。例如，"除了 Toby Quenton 之外班里其他人都是谁？谁教的？"要在 SQL 中生成这个查询，需将每个表连接在一起，因为请求的每块数据都位于不同表中。图形数据库将本地项目结点存储为链路属性格式，这样每个项目做索引查找时不受复杂度和性能的限制。

虽然数据库中四张表可能无太大区别，但设想一个这样的多层查询："查找居住于棕榈滩县图书馆两街区的登记在册的性犯罪者持有的车辆，其中车牌里有字母 P 的所有蓝色汽车。"这被称为图遍历查询，是图数据库的主要优点之一。如果你定期深入挖掘复杂数据，就需使用图形数据库。市场上有多种图形数据库，既有商业的，也有开源的。这里重点介绍其中两个最受欢迎的，并展示其最有用的功能。

4.3.1　Neo4j

Neo4j 是最受欢迎的图形数据库之一，市场上有很多 Neo4j 方面的书籍。它既有社区版本（开源），也有商业许可的企业版。自 2007 年 Neo Technologies 推出 Neo4j 以来它便一直深受大家喜欢。它能接收属性图模型中的数据，因此它具有结点列表及其属性和边列表及其属性。Neo4j 图形数据库有自己的图形查询语言（Cypher），开发平台环境和一个称为Neo4j 浏览器的基本可视化工具，如图 4.6 所示。

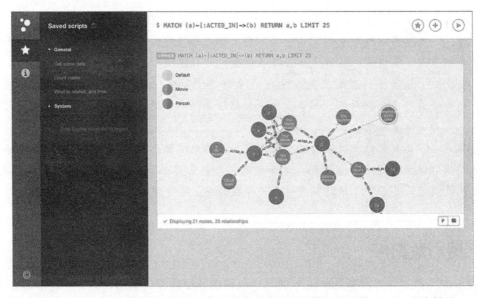

图 4.6　Neo4j 内置的图形可视化组件。快速查看要导入数据或预览 Cypher 查询结果

我们主要使用称为 Cypher 的 ASCII 式查询语言与 Neo4j 交互，这是一种专为 Neo4j 设

计的模式匹配语言。以下为 Neo4j 社区版本附带样本数据集的 Cypher 查询示例：

```
MATCH (m:Movie)<-[r:ACTED_IN]-(a:Person)
WHERE a.name = 'Keanu Reeves'
RETURN *
```

CYPHER：与 Neo4j 数据库交互的查询语言。使用图遍历的 MATCH 子句，或除特定 WHERE 子句（如传统 SQL）之外还有基于链接模式选择项。单结点和链接也可通过 CREATE 语句添加到 Neo4j 数据库，尽管 Neo4j 有批量导入工具用于添加大量数据，并且其要比增加每条记录的单 CREATE 语句更有效。

MATCH 语句运行后能得到所要的匹配模式。这是包含男女演员的全部电影：m 为变量名，m:Movie 为 "匹配 Movie 类型的所有结点"；<- 代表一个链接，这里表示要查找指定电影的链接。因为只查看特定类型链接所以插入链接符号 [r:ACTED_IN]，也就是如果还有那些不准备查找的工作人员或导演的链接。链接另一端必须为 person 类型结点。

WHERE 子句类似于 SQL 中的使用方式，限制输出满足条件集，这时仅有名为 "Keanu Reeves" 的演员。RETURN 语句用来限制查询返回的期望项目，如果期望得到全部结果，我们应该使用 * 来通知 Neo4j。

将其粘贴到 Neo4j 浏览器中，结果图 4.7 所示：一个 Keanu 和他参演电影的基本可视化。

对于更复杂的可视化，Neo4j 能与 Gephi 协同工作。你能从该网址下载一个 Gephi 插件：https://marketplace.gephi.org/plugin/neo4j-graph-database-support/。

这样就允许 Gephi 从数据库文件直接读取，这些文件正是第 3 章中直接在 Neo4j 数据集上进行大量图形操作的数据库文件。

对于 KeyLines，Neo4j 包括 REST（表示状态转移——通过 URL 与服务器应用程序交互的技术）

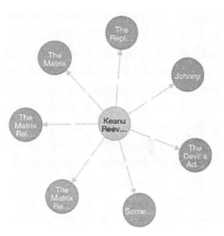

图 4.7　Cypher 查询 Keanu Reeves 参演的
全部电影的 Neo4j 浏览器结果

端点，允许通过 HTTP POST 提交 Cypher 查询，并返回 JSON 对象结果。正如第 3 章所学，KeyLines 利用 JSON 创建其可视化，但两种格式不完全一样，有必要在 JavaScript 完成相应翻译，便于获取正确格式的数据从而能在 KeyLines 中显示；下面这个实例不是一个完整应用程序，但可与第 3 章的源代码合并或从 KeyLines 站点下载：

```
function sendQuery (query, callback) {        利用 jQuery library
    $.ajax({                                  调用 Ajax
        type: 'POST',                                          Neo4j Cypher
        url:'http://localhost:7474/db/data/transaction/commit',  默认的 URL
        data: JSON.stringify(query),                           Endpoint 端点
        headers: {
```

```
      Authorization: 'Basic '+btoa('dbUsername:dbPassword')
    },
    dataType: 'json',
    contentType: 'application/json'
  })
  .done(callback)
}
```

安全检查：
Neo4j 与经过
这里每个查询
的登录凭据

然后需要解析 Neo4j 返回的项目，并从中生成 KeyLines JSON：

```
function makeKeyLinesItems(json){
  var items = [];

  $.each(json.results[0].data, function (i, entry){

    $.each(entry.graph.nodes, function (j, node){

      var node = makeNode(node);
      items.push(node);

    });
    $.each(entry.graph.relationships, function (j, edge){

      var link = makeLink(edge);
      items.push(link);

    });

  });

  return items;
}
```

用我们的 KeyLines
JSON 填充

通过 Neo4j 中返回并
调用 makeNode 函数
的每个结点迭代组合
KeyLines JSON

利用链接做同
样事情，并把
它们压到数组

最后，编写 `makeNode` 和 `makeLink` 函数，以获取返回项，查看其属性，并创建相应的 KeyLines JSON：

```
function makeNode(item){
  var baseType = getType(item.labels);
  var label = item.properties.name;
  return {
    id: item.id,
    type: 'node',
    t: label,
    u: getNodeIcon(baseType),
    ci: true,
    e: baseType === 'movie' ? 2 : 1,
    d: item
  };
}

function makeLink(item) {
  var id = item.id + ':' + item.startNode + '-' + item.endNode;
  var labels = item.properties.roles;
```

允许为电影或演员
使用适当图标

将名称属性作为
结点标签

传递适当结点
图标的 URL

e 代表"放大"，使电影结点
的数量大小是演员的两倍

KeyLines
的 d 属性是
特别的；它
允许您存储
结点或链接
旁边的任何
数据

KeyLines 需要在结点和链接之间
唯一的 id 属性，不像 Neo4j 有用
于结点或链接的单独的 id 字段，
因此需要在这里创建唯一性

```
return {
    type: 'link',
    id1: item.startNode,
    id2: item.endNode,
    id: id,
    t: labels ? labels.join(' ') : '',
    fc: 'rgba(52,52,52,0.9)',
    a2: true,
    c: 'rgb(0,153,255)',
    w: 2,
    d: item
};
}
```

id1 和 id2 属性是指链接的端点的 ID

从演员到电影添加箭头，这将在网页中显示作为 KeyLines 图 的 Cypher 查询结果

4.3.2　Titan

另一个主流软件为 Titan，由 Aurelius 编写的开源图形数据库，现在有社区支持，因为 Aurelius 本身是由 DataStax 购买的。不像 Neo4j，其设计与规模有关；Titan 能支持数百亿个结点和边。尽管最近 Neo4j 表现有所改善，但仍然有客户反映，Titan 在大数据集上表现优于 Neo4j。不像 Neo4j，Titan 无专门后台数据库；允许用户选择如 Apache Cassandra 或 Apache HBase 这样的可扩展后台。还允许用户将服务器的工作负载和存储分配到多个不同机器上。

通过 TinkerPop 堆栈完成与 Titan 数据库的交互，TinkerPop 是用于处理图形数据库的开源架构。TinkerPop 非常复杂，足以成为一本书的主题，因此这里介绍几个组件。首先为 TinkerPop 的 *Gremlin* 查询语言。

GREMLIN：TinkerPop 的查询语言，在 Titan 以及其他图形数据库上工作的开源图形框架。在 Titan 的作用等同于 Cypher，虽然与 Cypher 不同，但依赖于语言——在 Java 和 Groovy 等中都有实现。

下面为 Gremlin 查询实例，其设计等价于之前的 Cypher 查询。注意，Gremlin 术语使用 *vertex 和 edge* 分别表示结点和链接：

g 定义整个图；这里搜索一个名称属性设置为 Keanu Reeves 的 vertex（结点）

```
gremlin> g.V("name","Keanu Reeves")
==> v[1]
gremlin> v[1].outE.has("type","ACTED_IN").outV.name

==> "Point Break"
==> "The Matrix"
==> "Speed"
```

outE 从 vertex 1（Keanu Reeves 结点）获取出站边。这里仅查找类型属性设置为 ACTED_IN 的那些边。outV 在边的另一端获得 vertex，这时为 Keanu 出演的电影

类似于 Neo4j，在 Gephi 和 KeyLines 中 Titan 都能被可视化。Gremlin 查询语言有

GraphML 函数用来保存图，图存为专门的 XML 格式：

```
g.saveGraphML('movies.graphml');
```

以 GraphML 格式保存文件，然后用 Gephi 打开。

为将 KeyLines 连接到 Titan，需利用 TinkerPop 堆栈中的另一个工具，通过 REST 与 Titan 进行交互，类似于使用 Neo4j 的方式。它被称为 Rexster，允许用户通过 JavaScript 将 Ajax 调用直接传递给 Titan，并将结果返回给 JSON。JavaScript 代码如下所示：

```
function callRexster(query, callback) {
    $.ajax({
     type: 'GET',                                     使用 jQuery 库的 Ajax
     url: rexsterURL+query,                           调用 Rexster 端点
     dataType: 'json',
     contentType: 'application/json',                 用于 Rexster 和 Gremlin 查
     success: function (json) {                        询文本将连接在该线的
       console.log(json);                              REST 端点的 URL
       var items = [];

      forEach(json.results, function (item) {          循环返回每一项(顶
         if(item._type === 'vertex'){                  点和边)，用视觉属性
           items.push(createNode(item));               创建合适的 KeyLines
         } else {                                       JSON 对象
           items.push(createLink(item));
         }
      });

    callback(items);
```

这段代码调用两个函数 createNode 和 createLink，从 Titan 返回的数据中调用每个结点或链接。这里不介绍这些函数，因为它们与 Neo4j 示例中的 makeNode 和 makeLink 函数几乎相同。

4.4　小结

本章中讨论了数据建模——如何以各种格式获取数据并将其表示为结点和链接。这是创建图形可视化的重要步骤。现在你知道如何将数据导入可视化，下一章将讨论如何让可视化变得有用和直观。

❏ 模型为逻辑视图，能紧密映射数据库的物理结构，或者从其中删除。

❏ 同一数据库可有多种不同模型；有些模型比别的更有用。

❏ 图形模型定义结点、链接和属性，由存储在关系数据库或无模式数据库中原始数据构成。

❏ 图形数据库天然将数据存储在图形模型，因此无需建模。

❏ 有很多图形数据库技术可用。Neo4j 和 Titan 最流行，来源于这些数据库的数据均可在 Gephi 或 KeyLines 中进行可视化。

第 5 章 *Chapter 3*

构建图形可视化

本章涵盖：

■ 专心为用户设计图形

■ 利用视觉属性表示图上的数据

■ 使用大小和颜色

■ 链接样式

■ 确定图上显示的数据量

    图形数据分析、数据可视化和数据建模是技术主题，通常由数据科学家、工程师和应用程序开发人员执行，但是信息设计及其如何呈现给最终用户往往是事后想法。这令人失望，因为设计不良的可视化往往会破坏整个项目。看看图 5.1 中来自于 NodeXL（电子书中有全彩图，网址 http://mng.bz/2iy7）的图形。

    这张图试图展示 Twitter 评论之间的关系，这些评论是关于《纽约时报》里讨论反穆斯林偏见的文章，但图中有太多混乱。不清楚为何要将其分割成单独的框而且结点彼此重叠，以至于根本不能从图形中获取感兴趣的数据。如果用户最终不能快速直观地了解到正查看的内容以及原因，他们就不可能以任何有意义的方式使用数据。本章总结数据设计原则。数据可视化先驱爱德华·塔夫特（Edward Tufte）的著作《展望信息》（《Envisioning Information》）（Graphics 出版社，1990 年）是普通数据可视化的"圣经"，我们将全方位借鉴他的设计原则并将其专门用于图形数据。

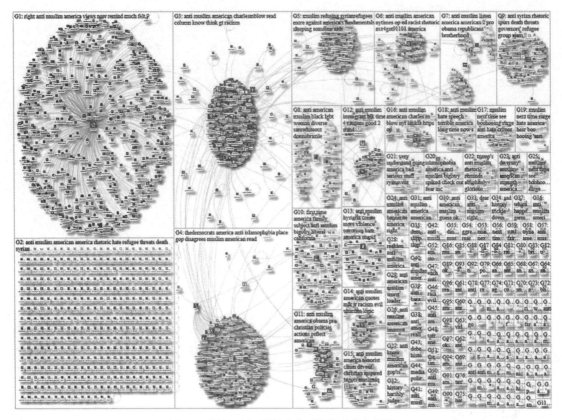

图 5.1 设计不良致使图形可视化无多大用处

5.1 了解用户需求

设计图形时首先要问自己一个问题："谁将是我的最终用户？"为非常熟悉数据结构和内容的数据科学家设计的图形肯定与为根据数据做出企业投资决策的 CEO 设计的图形不同。图 5.2 和 5.3 为呈现相同数据的两个图形，一个针对技术用户进行了优化，另一个专为业务用户设计。

这些图中，对于非技术人员的图形使用视觉属性来解释数据，而对于技术人员的图形则使用视觉属性来描述数据。第一个例子标签旁边显示人的属性和属性名称，第二个例子中使用结点视觉属性（如大小和颜色）来展示这些相同属性。虽然对于不熟悉数据的人员来说，这更难理解，但某些有用信息会立即脱颖而出，而不受每个标签文本的影响。另外，对于专业知识不熟练的用户的图形应该最小化使用结点类型的数量，因为用户对数据熟悉程度越低，他们就越难立即掌握结点大小或宽度的意义。相对于显示两个链接到同一家庭结点的人，不如在他们之间直接显示一个链接并指出家族关系，如图 5.4 所示。

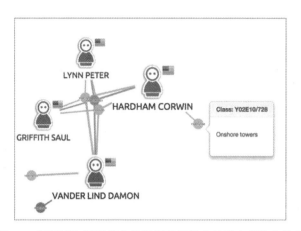

图 5.2　利用诸如标识符之类的视觉属性来显示专利的合作者

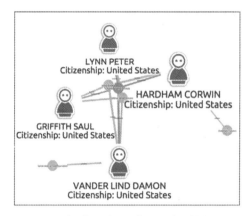

图 5.3　利用标签能更详细地说明结点和边

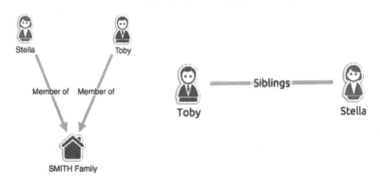

图 5.4　通过直接链接项来删除不必要的结点类型。在这里，右图实际上能传达更多信息

观众本位的视觉设计

下面列表为不同观众的视觉特性指南。

专业用户：

❏ 利用结点和链接等视觉属性传递数据属性

❏ 使用最小标签

❏ 增加图例描述属性

❏ 使用更多结点类型

非专业用户：

❏ 利用标签提供更多信息

❏ 利用结点图标传递类型

❏ 图例说明非必要

❏ 使用更少的结点类型

5.2 使用直观的视觉属性

图形可视化既是一门科学也是一门艺术。其目标是创建便于用户理解的数据。如果只绘制相同结点和链接而不充分利用用户大脑中的可视化处理能力则会很失败。除阅读文本外，人们还易于识别大小和颜色，这些视觉提示将比文本更能凸显图形视图。可视化属性列表及其用途参见表5.1。

表 5.1　视觉属性及其用途

大小	适于标量属性
	传达与大小相关的属性
	注意比例（例如，适于对数比例）
颜色	适于群体成员
	不适于渐变
	结点和链接都可着色
结点图标	适于显示结点类型
	适于显示正在描绘实际项目的图像（例如人物照）
标识符	属性附加到结点或链接以便于可视化
	限于一种或两种标识符
	图像是最好的，但是短文本可以
标签	适于短结点标签，避免长度超过两个字
	除非必须了解关系，否则避免在链接上使用标签
	适于悬停或点击时显示链接标签

5.2.1　大小

细看图5.5中的图形。图中利用结点大小来指示美国每州人口。看到这个可视化时一眼就能发现哪个州人口最多。

图中使用线性映射，例如加利福尼亚州的人口约为3700万，威斯康星州的人口约为560万人，前者约为后者的7倍。当这些值的数量级相差不大时，结果很好且直观。但这些值的数量级相差很大时显然不现实。例如，如果两个结点分别代表整个美国（3.08亿人）和我的家庭（4个人），显然根本不可能让一个结点比另一个结点大数百万倍。这时采用对数比例会更有意义，其中每个倍增大小代表10倍的属性值。你可将结点大小属性绑定到任何你喜欢的值上，但是用户会隐式假设结点大小对应于表示更大数量或更重要的某些属性。看一下上图，你最初可能以为州大小是根据其土地面积而定的，除非你知道阿拉斯加的面积是加利福尼亚的4倍。然后你的大脑才会寻找一些其他方式来理解数据。但是，如果限制在某个比例上，如人均GDP或非接触指标（如衡量健康状况）时，大小属性就用处不大。

对于这些类型属性更适合使用颜色。

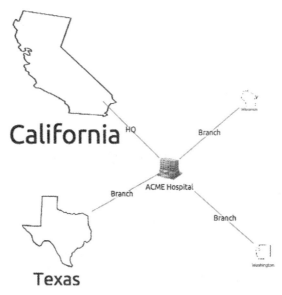

图 5.5　根据人口数量表示州结点

5.2.2　颜色

颜色对于离散度小的属性非常有用，但不适合扩展的属性。虽然能用渐变颜色——例如，RGB 值（红，绿，蓝）从（0，0，0）到（255，0，0）表示将从黑色变换到红色——用户对辨别颜色不敏感。对图 5.5 中的结点根据人口密度从浅灰色变化到黑色，其可视化结果如图 5.6 所示。

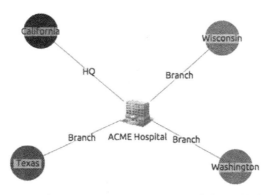

图 5.6　图中华盛顿州和威斯康星州比加利福尼亚州或德克萨斯州的灰色较浅，但这种差异很难看出

另一种更好方法是利用颜色饱和度表示组成员资格。图 5.7 中的图是我从一家技术公司收集的内部电子邮件（匿名）。如图所示，为公司每个部门设置一种颜色。

利用颜色表示成员后，员工的部门趋势变得更加明显，因为图中很容易找到相同颜色。例如，注意图 5.7 中右侧的技术人员 Nicholas 和 Christopher，他们与其他技术人员都无链接，只与销售人员有过沟通。奇怪，对吧？这表明他们或者离线，或者与公司其他技术团队隔离。

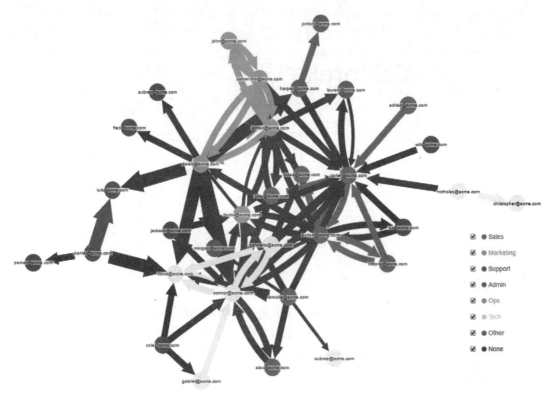

图 5.7　技术公司内部电子邮件图。结点采用部门颜色编码，因此易于查看成员所属部门，并
　　　　注意各部门之间的广泛关联趋势

链接也有颜色和大小，而且这也是传达结点间关系信息的有效方式。如图 5.7 所示，对于部门编码的链接，如果该电子邮件属于该部门内部（发件人和接收人都为该部门成员），则被着色。反之，边为黑色。链接上显示大小的方式为链接宽度，就像结点大小一样，用户假设两个结点间的粗链接表示关系相比细链接密切，因此应该给链接宽度分配一个与关系强度有关的属性。在图 5.8 中，个人之间的电子邮件数量决定链接宽度，所以粗链接表示电子邮件数量很多，而这些员工间更细的线条表示电子邮件数量更少。

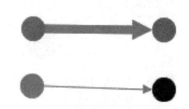

图 5.8　顶部粗链接表示结点之间的关系
　　　　比底部细链接更强

虽然大小和颜色作为强大的视觉提示有助于对数据的理解，但是可能会太明显。用户真的只能立即记

住头两个变量,为此展示的图形要根据人的年龄缩放结点大小,根据高度调整结点颜色,而且宽度边框用处不大,用户可能不断地想知道"红边是什么意思呢?"

你最容易犯的错误是给不同属性设置不同 RGB 值。如果属性 A 设置成红色、属性 B 设置成绿色、属性 C 设置成蓝色,你能接受这样的图形吗?也就是 A 和 B 中的黄色项较高,但 C 较低。青色项在 B 和 C 中较高,但在 A 中较低。我以前看过这个项目,它确实很可怕。将属性 A 绑定到结点大小而将属性 B 绑定到结点颜色是更明智的做法。

5.2.3 结点图标

观察本章前面两张图的差异,如图 5.9 所示。

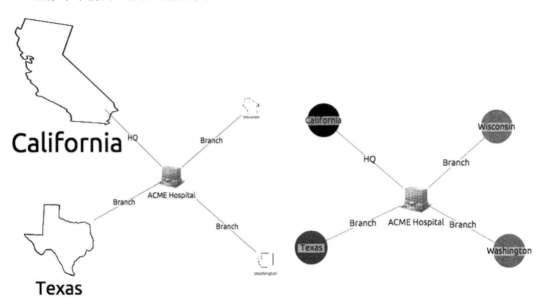

图 5.9 结点为形状与图标

第一个示例中使用州界表示该州,因此加利福尼亚看起来就是加州,而第二个图中,结点为圆。图 5.10 中为三种表示结点的方法,即形状、个体表示和类型表示,每种都有其优点和缺点。

类型表示是最有用的。这种情况下,你可以使用一个代表每个结点所属结点类别的图标。对于代表人的所有结点,图中将显示一个通用人物图标。对于表示车辆的所有结点,显示车辆图标是很有帮助的,因为用户不必阅读任何文字就清楚他们在看什么。

如果有单个结点的视觉表示,例如使用个人照片表示其结点也很有用。尤其在使用社交媒体数据时用处最大,因为通常所有结点都是人。由于每个结点看起来都一样,所以使用结点

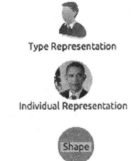

图 5.10 三种结点表示形式

类型表示会错过提供更多细节的机会。通常使用社交媒体数据时，几乎总是能访问用户上传的个人照片（请参阅第 2 章中的 Twitter 示例）。

如上节所述，通用形状也很有用，特别是使用颜色显示属性时。如图 5.11 所示，也可为图标或照片加上边框颜色，这样有助于分析图形。

当结点表示对象组时，用饼图结点表示可能有用，而且能向用户展示该组中各项的分类。例如，图 5.12 为某媒体公司上午与晚间用户订阅报纸比例的图形。

但是，对于有不止十几个结点的图来说效果不明显，因为这样会让图变得非常繁杂且难以理解，特别是每个结点上有两个或三个以上的颜色。

Type Representation

Individual Representation

Shape

图 5.11　用边框表示三个核心结点类型。即使用了照片或图标也能谨慎使用边框来表示颜色属性

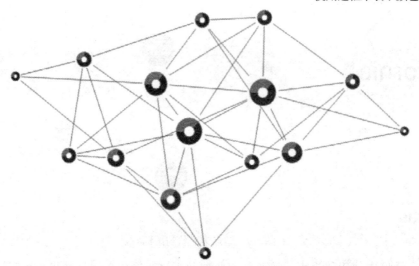

图 5.12　结点类似于饼图，能快速浏览构成每个结点的各个项

5.2.4　标识符

标识符是另一种标注结点的方法，基本上起结点装饰作用，可在结点右上方显示一个或多个附加属性值。如前所述，为增强结点表示的标识符也可采用图像或文本形式。图 5.13 为利用基于文本标识符显示家庭成员或宠物年龄的图形示例。

有时基于图像的标识符也有用。例如，给某些结点附有警告标识符以便当用户看到它们时就知道要小心。例如，标记有犯罪前科的罪犯来保障执法人员生命安全，或者帮助 IT 部门确定目前正在发生故障的服务器，或者用国旗表示原籍国。这比文字更美观，如图 5.14 所示。

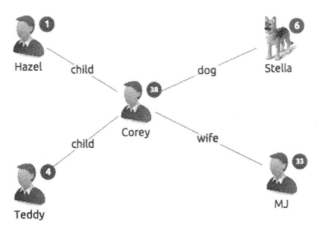

图 5.13 用文本标识符表示家庭成员年龄

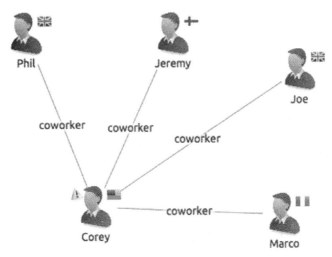

图 5.14 用标识符表示同事的公民身份，Corey 结点还附有警告标识符。还可设计图形可视化
以使鼠标悬停在标识符上时能显示更多信息，这在第 6 章中有详细介绍

标识符有助于用户在识别特定结点后了解所需要知道的数据，但当用户想要识别结点并共享其共同属性时，标识符用处不大。浏览图中所有意大利国旗并不现实，也许这种情况下颜色将是一个更好的视觉提示。

5.2.5　标签

合理使用标签效果很好，但不容易正确掌握。结点上要有足够文本以便用户识别其内容，而且不能放太多内容以免用户难以理解。如图 5.15 所示，结点上无标签的图形只是一张漂亮的图片，因为不能从图中获取任何可识别信息。通常在链接中省略标签。

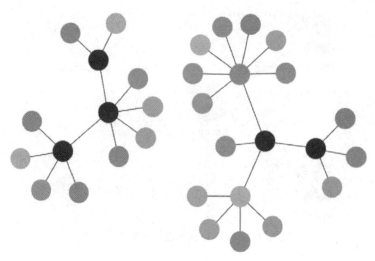

图 5.15 无标签的图只是一张漂亮的图片，因为不能提供有用信息

一个好的经验法则是结点标签应该为让用户识别结点的最短文本，当然也要为人类可读的文本。也就是应该使用名称而非标识号，例如使用汽车制造商和车型而不是 VIN。标签的值没必要（通常不应该）作为该结点的标识符。回顾第 4 章，介绍身份解析时不希望"David Smith"为图上结点的唯一标识符，否则数据中每个"David Smith"都将被合并到一个结点中。你或许打算使用像 David 的社会安全号码这样的东西。但 SSN 不是一个充满人性化的数字。无人认识名为 SSN 的人，因此结点标签应该是名字。图上允许多个结点有同一个标签。

链接上的标签通常不会标识值，但是偶尔重要的是标注关系的类型。例如，约翰和杰里是兄弟，而杰瑞和菲尔则是商业伙伴。还可轻松地用链接颜色来说明这一点，以减少图形上的混乱。避免自动添加关系类型作为链接的标签，尤其是显而易见的时候，例如公司层次结构图不需要每个链接来说"报告"。

5.3 构建有视觉属性的图形

现在我们已经了解数据可视化的主要设计原则。下一节将介绍在 KeyLines 和 Gephi 中如何实现这些设计原则。图 5.16 中的图为 2006《纽约时报》的插图，本书后面章节也会多次提及。

看看《纽约时报》采用的视觉属性——你能看到多少？它们设计得好吗？结点图标显示所涉人员照片，结点大小决定结点在丑闻中的相对重要性，颜色表示该人是否被指控。结点标识符表示此人是否为 FBI 突袭的对象。这是一个非常好的设计，尽管我认为链接标签上的文本太多了。这是印刷图的局限性之一，我们将在第 6 章中探讨。下面让我们看看在 KeyLines 和 Gephi 中如何定义一张这样的图形。

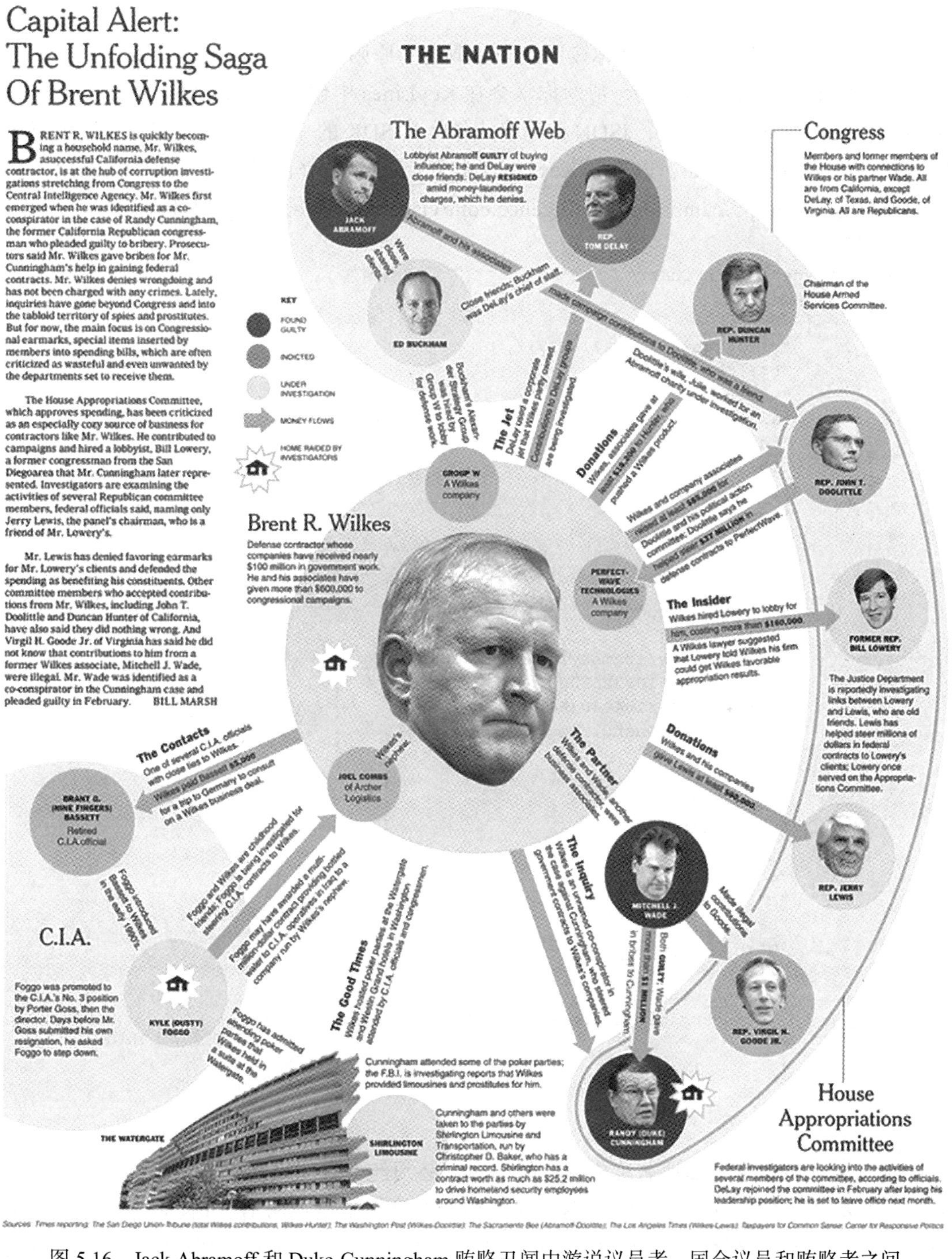

图 5.16　Jack Abramoff 和 Duke Cunningham 贿赂丑闻中游说议员者、国会议员和贿赂者之间
的相互关系图（Bill Marsh，The Abramoff Web，纽约时报，2006 年 5 月 21 日）

KeyLines

所有图形可视化软件都允许你按照上一节概述的原则来定制数据。这里使用 KeyLines 构建本章中的大部分图形示例，帮助你学会在 KeyLines 中创建一个像 Abramoff 图那样的可视化。KeyLines 发布了一个 JSON 数据格式作为其 SDK 的一部分，允许用户设置可视化中数据的视觉属性。例如，以下是 KeyLines 中表示 Abramoff 图的 JSON 标准代码段。完整的 JSON 可从 http://cambridge-intelligence.com/visualizing-graph-data/ 下载。

```
{
    "type": "LinkChart",
    "items": [
        {                                         链接颜色
            "c": "rgb(255, 127, 127)",            链接标签文本
            "t": "",                              链接宽度
            "w": 5,
            "a2": true,                           是否有箭头
            "id": "15",
            "id1": "1",                           链接的两个端点
            "id2": "14",
            "type": "link",                       确定是结点还是链
            "off": 0                              接的类型
        },
        {
            "type": "node",
            "id": "5",
            "u": "images/itemstyles/person2.png",    图标的 URL
            "x": 873.6051023252265,
            "y": 102.9183104440354,                  结点位置的 x,y 坐标
            "t": "Kyle (Dusty) Foggo",               标签文本
            "fs": "",
            "fc": "",
            "fbc": "",
            "sh": "circle",
            "ci": false,
            "e": 1,
            "c": "yellow",                           背景颜色，该例中为
            "ha": [],                                黄色
            "g": [
                {
                    "p": "ne",
                    "u": "images/itemstyles/Home-icon.png"
                }                                    家庭字形的 URL
            ]
        },
    }
```

唯一确定链接的标识符

为尽量减少宽度，属性名称应尽可能缩写，必须经常查阅文档以查找属性名称。本例中，e 代表"放大"，值为 1 表示正常大小，值为 2 是正常结点两倍。u 代表指向结点图标或字形图像的 URL 属性，为 PNG 或 JPG 文件。t 代表"文本"属性，用作结点或字形的文本标签。结点或字形上的 c 允许用 RGB 值定义颜色属性。g 代表"glyphs"属性，是一个定义字形视觉属性的 JSON 对象数组。KeyLines 不支持将饼图作为结点显示。此外，构建

JSON 时，必须手动设置所有属性，手动将其映射到数据中的一系列值。如图 5.5 所示，州人口示例中根据其人口数缩放州结点大小，必须首先确定一个线性比例将威斯康星州大小赋值为 0.75，然后确定"威斯康星州"是其他州的多少倍，从而找到正确的缩放因子。

KeyLines 中的全图显示如图 5.17 所示。

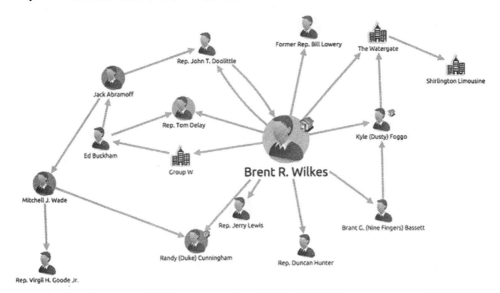

图 5.17　利用前面提到的属性在 KeyLines 中对《纽约时报》中的 Jack Abramoff 图进行可视化

Gephi

如图 5.18 所示，在 Gephi 中可通过绘制结点和链接或在用户界面的"Data Laboratory"面板中输入结点或链接来手动创建 Jack Abramoff 图。

图 5.18　将名称输入到 Gephi UI 中

如图 5.19 所示，使用概览窗口左边的铅笔工具绘制链接。

接着通过使用位于铅笔工具上方的刷子和大小工具来手动调整结点颜色和大小。执行完这些步骤就能得到一个类似《纽约时报》中的 Abramoff 图的 Gephi 图形，如图 5.20 所示，尽管稍微简单一些。

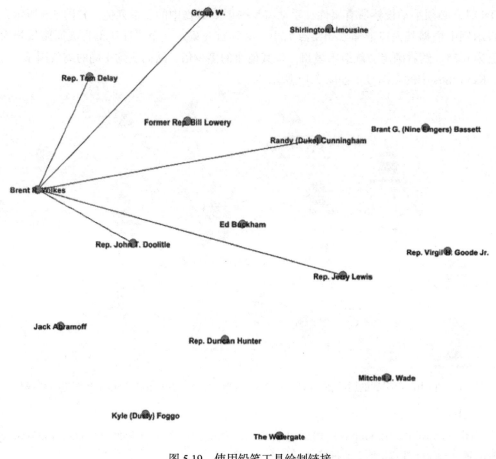

图 5.19　使用铅笔工具绘制链接

　　这是 Gephi 的最简单使用方法，能更自动地设置视觉属性。结点和链接的大小和颜色都可映射到数据属性，这些功能在"外观"面板上，如图 5.21 所示，默认情况下位于 Gephi 窗口的左上角。

　　从 0.8x 版本到 0.9x 版本，Gephi 变更了为结点和链接设置大小和颜色的方法，将面板分区和排名组合起来统称为外观，对于属于离散类的结点和链接的属性，将结点分割成不同组，并为每组设置一种颜色。它只对少于 5 个离散值的属性有用，因为如果每个结点都在一个单独组中，按组分的颜色结点是无用的。所有结点属性将显示在图 5.21 的下拉框中。选择适当类别后就能看到分组，Gephi 自动为每组设置一种颜色，如图 5.22 所示。当然也可以通过单击组左侧的颜色框来更改颜色。

　　边着色过程完全相同。

　　如果属性为标量值，Gephi 将根据数值对其进行缩放来更改大小或颜色。这也在"外观"面板中完成，过程很相似。下拉列表显示为结点导入的属性列表。按颜色渐变（默认值）缩放，可在标签右上角选择色环。单击左侧的调色板就能选择所需的渐变色，见图 5.23。

图 5.20 利用 Gephi 构建的 Abramoff 图

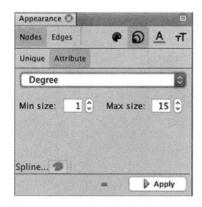

图 5.21 Gephi 中的"外观"面板允许
自定义结点和边的大小和颜色

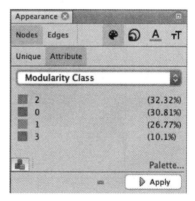

图 5.22 Gephi 中结点分为四个不同组,
并按组着色

Gephi 中调整结点或边的大小的过程也类似。图 5.24 的调色板图标旁边有三个大小不同的圆圈图标。该图标表示动态调整结点大小，可使用多个选项来实现该功能，包括图上看到的结点最大和最小尺寸以及所包含的属性范围。此外，样条工具非常强大但经常被忽视。想象一下，有一个包含数十个结点的数据集，所有结点值都集中在 50 左右，但有一个结点属性值为 1。若利用线性调整算法，则除异常值外，其他结点间的差异几乎毫无体现。若要明确体现这些差异，那么可以选择非线性结点大小调整方法。本书不做具体数学展示，有需要的读者可在维基百科上查找"样条插值"。图 5.24 和 5.25 显示了图形细节。

图 5.23　Gephi 中为结点设置渐变颜色

图 5.24　根据 Gephi 下拉框中选择的属性调整结点大小

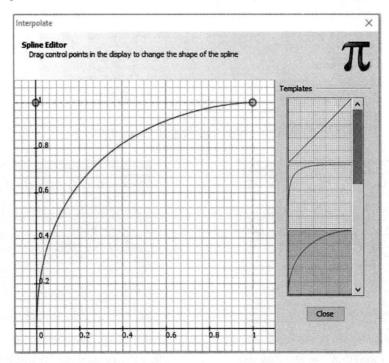

图 5.25　选择与结点或边属性相关联的最大值和最小值之间的线性或非线性插值。如果属性
　　　　值间有极大或极小差异，这将非常有用

最后，Gephi 的标签支持很有限。结点和边使用名为"label"的数据表中的属性取代其标签，打开标签时图形上显示该值。如图 5.26 所示，标签工具栏也能控制标签大小、字体和字体颜色，粗体 T 表示打开或关闭标签。

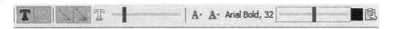

图 5.26 Gephi 中的标签工具栏。最左边的按钮打开或关闭标签

5.4 小结

本章中，学习了以下内容：

❏ 最佳设计图形可视化来自于了解用户以及他们可能对数据有什么问题。

❏ 了解数据的专业用户能有效地将数据属性与视觉属性绑定。非专业用户需要更多提示和文字。

❏ 结点大小在作为计数器传递数值时最为有效。

❏ 链接宽度用于表示两个结点之间的关系强度时很有用。

❏ 渐变颜色效果一般，更多用于表示组成员。

❏ 标签应详实可读，同时在链接上应最小化。

❏ KeyLines 通过代码来控制这些属性，具体通过 JSON 操作。

❏ Gephi 有绑定视觉属性和数据属性的用户界面。

Chapter 6 | 第 6 章

构建交互式可视化

本章涵盖：

■ 动态与静态图的优势

■ 图形浏览

■ 响应用户行为

■ 谨慎使用动画

■ 移动平台设计

虽然最早的图形是使用铅笔和纸张绘制，但是现代图形可视化都通过计算机完成。结果，生成的图不一定都是静态图像，而是可以根据用户输入进行更改的图。互动式可视化的好处，不限于在页面上打印任何内容——能显示用户所挖掘的复杂数据。一个完美例子是报纸在其印刷版中使用信息图形，而在其在线版本内容中提供更好的交互式图形可视化。将图形添加到图形中让用户更深入了解数据。回到第 5 章所提的 Abramoff 图，图 6.1 对其进行了重绘。

这张图刊登在 2006 年《纽约时报》的印刷版和网络版上。虽然我认为这是一个精心设计的国会、国防承包商以及其他公司间的复杂交互式可视化，但是我仍要按照第 5 章提出几点意见。首先，链接上的文字太多，作者试图描述链接本身的内在关系，却占用太多空间以致完全掩盖了实际链接。这是印刷品可视化的结果：因为无交互性，作者想同时在页面上传达全部信息。本章通过寻找创建交互式应用程序能改进该图的方法来研究此数据。相比打印页，数字应用程序让用户更深入浏览图形，例如用点击、双击和鼠标悬停来进行交互。

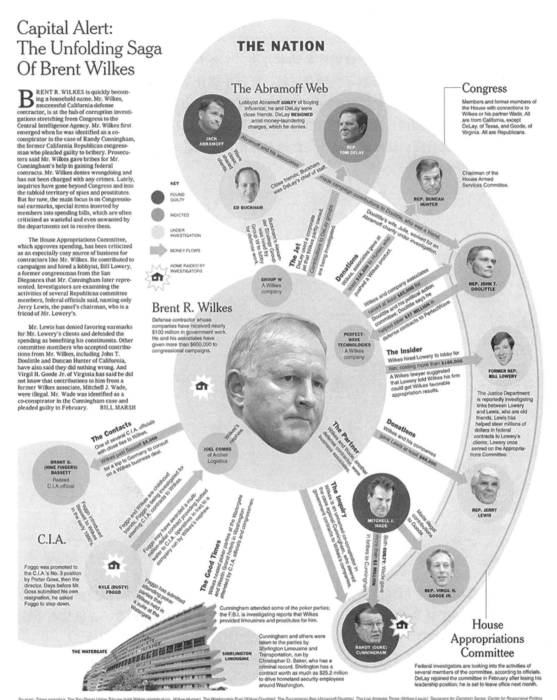

图 6.1　重新审视 Abramoff 图

6.1 图形浏览

图形浏览是让用户更多了解数据的最基本方法，主要有平移和缩放。通过启用缩放功能，用户能检查在全图时难以展示的细节区域，而且平移让用户在不同图形区域都能看到该级细节，而不会丢失其位置。图 6.2 中，如仅对图右侧数据感兴趣，则使用缩放功能进行对焦并放大文本以便阅读。这是所有图形可视化工具最基本的功能；默认情况下 KeyLines 和 Gephi 都包括此功能。这两款产品还包括通过操作鼠标滚轮来调整缩放级别，这是一种更为直观的浏览方法。

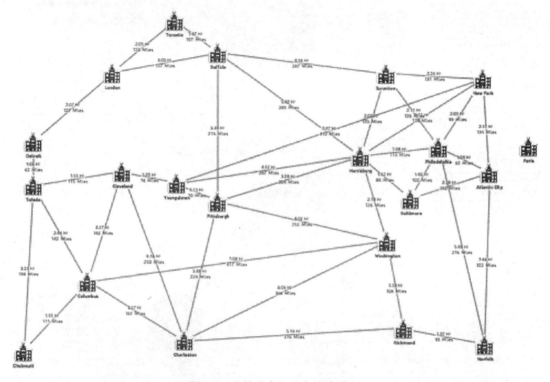

图 6.2　北美城市间距离的放大图

尽管本章稍后会介绍移动平台上的图形，但特别值得一提的是，多点触控正成为移动应用程序的预期接口界面，用户可以在图背景上滑动手指来移动图。就像一张纸放在手机或平板电脑屏幕内一样。或捏手指或分指尖来缩小放大目标区域，如图 6.3 所示。

KeyLines 和 Gephi 都包含一个概览窗口，这在图像编辑软件中也最为常见，允许用户通过可选框放大全图便于查看其细节，如图 6.4 所示。

Abramoff 图中如何实现缩放和平移？报纸页面显示数据量受到其大小的限制。该图旨在披露 2005 年美国两大政治贿赂丑闻交叉点，以及 Brent Wilkes 是如何参与其中，但几乎未涉及 Abramoff 丑闻，其调查在高峰期有 100 名联邦调查局的调查人员专门侦察腐败范围。不可能在单页面上显示他的所有贿赂、客户和受害者，但在应用程序中用户如果放大感兴趣区域，这张图就会更具吸引力。

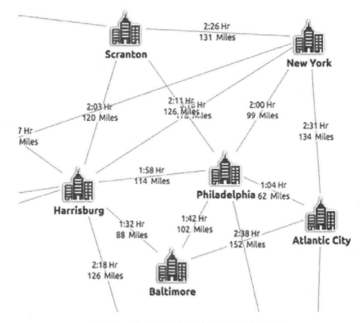

图 6.3 放大图局部以便查看更多细节

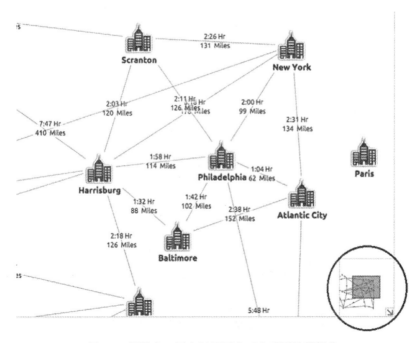

图 6.4 概览窗口用来显示用户正查看图的哪部分

6.2 整理图形

图形可视化的诱惑在于寻找某种方法把图中每点数据都放在图上。结果如图 6.5 所示创建一个难以解释的混乱且不美观的图会适得其反。

图 6.5 中使用太多视觉提示。例如多标识符文本、结点（大小、颜色、标签）以及边（标签、颜色）可以用来吸引用户注意力。这对用

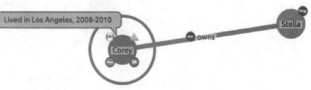

图 6.5 图太繁，试图一次在图上显示太多属性

户来说有点太多，而且对于这种表示没必要一次性显示大部分数据。最好将属性分为两组：用户首先在图上查看属性以便于确定其感兴趣的结点或链接，以及在选定结点后对用户感兴趣的属性。

何时显示属性

图上哪些属性该可视？

❑ 图上可见属性应为用户需查看以确定重点的属性。

❑ 用户选定结点后的有用属性放置在屏幕中其他位置外部以便可视化。

根据用例，将部分属性组合起来效果显著。对于 Abramoff 图，用户不必立即看到链接上的全部文字。我们打算向用户展示游说议员者、国会议员和其他公司之间的联系，而且这些链接细节能稍后保存。这就是为何在图 6.6 的 KeyLines 示例中我从链接中删除了文字标签。

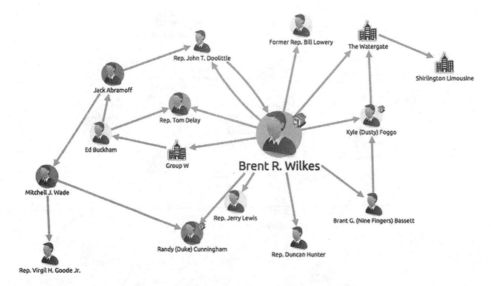

图 6.6 删除 Abramoff 图中链接的无关信息

如何在用户感兴趣的各结点上显示这些属性？ Gephi 和 KeyLines 都有结点或链接选择

概念，就像在文本编辑器中，通过鼠标点击或拖动多图周边的选取框来完成。用户选择结点或链接有助于他们了解更多相关内容，而且这一点对显示其他细节也很有帮助。不然这些细节会使图混乱。用户显示附加数据有两种常见方法。如图 6.7 所示，一种为选择结点或链接时在这些数据可视化外面显示一个表。

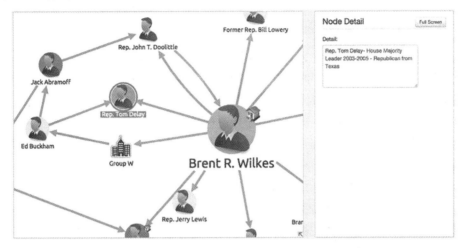

图 6.7　可视化中删除显示所选项的附加其他属性表

第二种为在用户鼠标悬停于结点或链接上时图上部有提示信息。该方法好处是用户不必将眼睛从刚才的选择项上移开。缺点是鼠标移动时会频繁出现隐藏提示信息和弹出窗口。请参见图 6.8 中的示例。

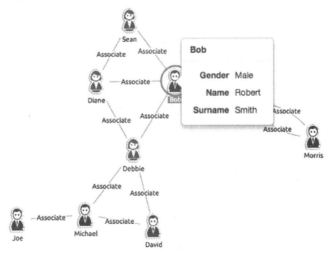

图 6.8　图右边有所选结点详细信息提示

选择为个人喜好问题。就我来说不喜欢频繁弹出窗口，有人可能不介意。我宁愿在数据外保留部分空间，而且有提示信息文字显得比较冗长。

Gephi 不提供弹出功能，下节中教你如何在单独面板中显示其他属性。6.2.2 节学习使用 KeyLine 编写其他属性和弹出窗口。

6.2.1　Gephi 实现

Gephi 对于定制用户界面能力有限，但也有办法能查看每个结点数据背后的细节（非链接）。在"概览"窗口中，面板左侧包含单击结点时的多种不同操作模式。最下面为 Edit 标题——编辑结点属性。选择此模式后左上角面板将在表中显示该结点所有已知属性。请参见图 6.9 中的截图示例。

在 Gephi 中，鼠标悬停于某结点时图的其余部分就会变灰。如图 6.10 所示，该操作无法更改，因为便于用户查看哪些结点已链接而无需跟踪多个重叠行，所以很有用。

Appearance	Edit ⊗	
▼ PWM – Properties		
Size	10.0	
Position (x)	235.23152	
Position (y)	−43.845757	
Position (z)	0.0	
Color	■ [0,0,0]	...
Label Size	1.0	
Label Color	null	...
Label Visible	☑	
▼ PWM – Attributes		
Id	95	
Label	PWM	
Interval	<null value>	
State	Maine	
City	Portland	

图 6.9　Gephi 的 Edit 面板显示所选结点附加属性的详细信息

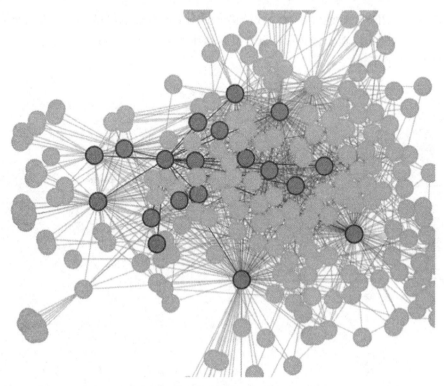

图 6.10　Gephi 中当鼠标悬停某结点时除了直链结点之外其余结点都变灰

6.2.2 KeyLines 实现

KeyLines 定制用户界面非常灵活，但需要 JavaScript 知识。KeyLines 响应用户图驱动事件，如鼠标单击、右键单击以及悬停等。每个这种操作都可用 chart.bind() 函数绑定到 JavaScript 函数，但之后实现什么功能取决于你的 Web 开发技能—— KeyLines 没有表格视图或信息提示功能。为此使用下面代码为 Abramoff 图添加信息提示：

```
chart.bind('hover', nodeTooltip);
```

鼠标悬停图上时，该行会让 KeyLines 运行 nodeTooltip 函数。nodeTooltip 函数功能的详细信息如下所示：

```
function nodeTooltip(id) {              鼠标不在结点或链接
if (id) {                              上，KeyLines 返回 null

var item = chart.getItem(id);
var coordinates = chart.viewCoordinates(item.x, item.y);
var x = coordinates.x;
var y = coordinates.y;                 只在结点上显示信息
                                       提示
if (item.type === 'node') {
```

创建 HTML 代码用来弹出信息提示：

```
                    var html = Mustache.to_html($('#tt_html').html(), {      #是格式化
                    label: item.t,                                           HTML 信息提示
                    party: party,
                    termStart: item.d.termStart,                            .t 是标签文本的
                    termEnd: item.d.termEnd                                 KeyLines 属性名称
将其添加        →   });
到 DOM             $('#tooltip-container').html(html);                      .d 是 KeyLines 的称为数据的
                                                                            特殊属性；允许存储为键值
                    var tooltip = $('#tooltip');                            与结点或链接一起供进一步
                                                                            参考。这里绘制结点数据的
                    var top = y - (tooltip.height() / 2);                   是 termStart 和 termend 属性

                    tooltip.css('left', x).css('top', top);
                    showTooltip();                      清楚起见，省略了
                                                        这些功能。具体查
                    } else {                            看下载的源代码
                    closeTooltip();
                    }

                    } else {
                    closeTooltip();
                    }
                            }
```

全局设置触发悬停事件前鼠标须保持静止的毫秒数：

```
chart.options({hover: 500});
```

如图 6.11 所示，鼠标悬停结点半秒后会出现信息提示。这里选择显示国会议员姓名、聚会以及任期起止日期提示，当然也可以自定义你认为相关的任何数据，包括图像或其他多媒体。

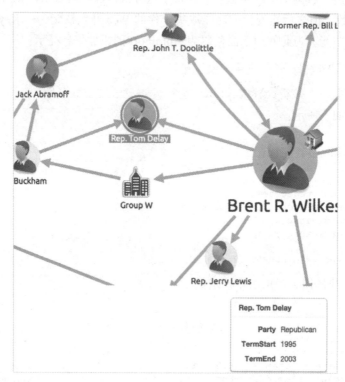

图 6.11　KeyLines 中用 HTML 格式设计的信息提示

已介绍了一些使用图形浏览和交互来改善图形功能的选项。通过简化屏幕显示内容，可在显示之前便于用户查看其他信息。较少的视觉杂乱能够改善用户体验。

6.3　数据量

虽然好的图形浏览有助于用户更好理解一个有大量结点和链接的复杂、混乱的图形，但也应该尽量避免出现复杂而混乱的图。这也是新手在开发图形可视化程序易犯的常见错误，他们经常希望将整个数据集放在屏幕上，看能否发现线索。通常情况下就会如图 6.12 所示结果一样。

这还不是一个大型图。我经常会被要求创建有数万甚至数十万个结点和链接的图。有时超大图也会产生一些洞察力。例如，你可以从图 6.13 中寻找哪些结点是链接该结构的关键中心结点，但这种情况很罕见。通常，结点未分簇，最终看起来如图 6.12 所示。本书教你如何使用不同方法来构建整洁、可用的图形可视化以表示大数据集。

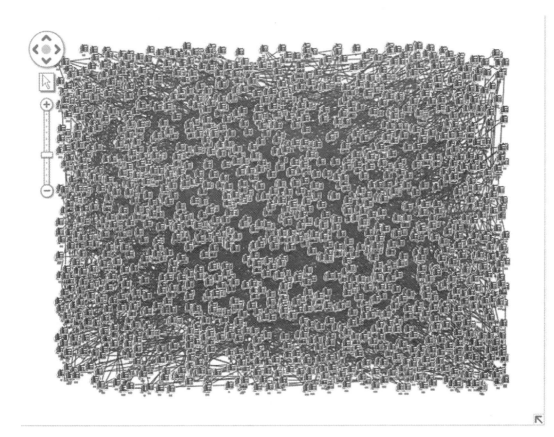

图 6.12　有 2000 个结点的无组织图

扩展结点增加数据

　　如果不打算一次绘制全部结点，那么需要判断用户想查看大图的哪些结点？简单答案是让用户自己决定。图形可视化的一个非常强大的策略是绘制查询结果而不是数据库。希望用户通过搜索，可视化查询，甚至 SQL 或 Cypher 等结构化查询语言来获取所要的查看内容，然后可视化将其感兴趣的内容用图呈现出来。数据已在图形数据库中，方法很简单，因为用户查询语言会使构建一个"显示所有收到 Brent Wilkes 捐款的国会议员"的查询很容易，结果与图 6.14 类似。

　　尽管能用一张图描绘整个美国国会，但这样会使该图太混乱以致无法理解。用户询问具体问题然后查看代表其答案的图，接着用户在图上将其展开。展开是一种将新数据添加到图中的基于用户交互的方法。静态文本中很难显示复杂的用户交互，但图 6.14、6.15 和6.16 中的截图应该会让用户知道到底发生了什么。图 6.14 为显示包括演员和电影的 IMDB类型数据集的初始视图。

　　如图 6.15 所示，双击 Hugo Weaving 会显示其参演的全部电影。

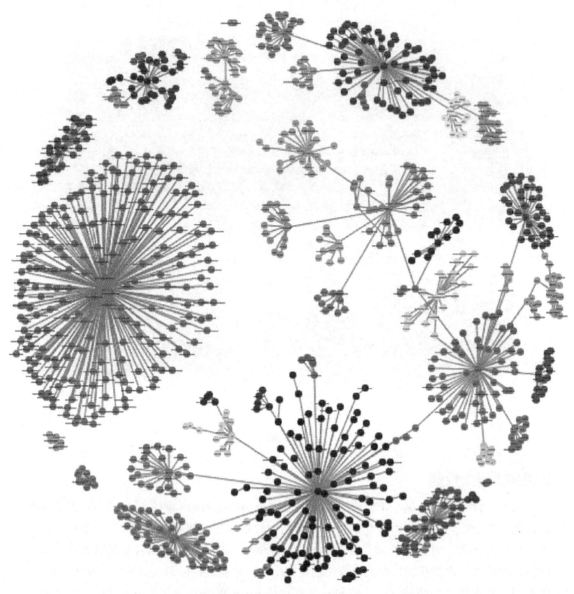

图 6.13　模式清晰可见的大图

　　同样，如图 6.16 所示，双击《指环王》会显示其参演演员。

　　这些示例中都包含一个有电影和演员的 IMDB（互联网电影数据库）数据集。在屏幕上一次绘制所有 IMDB 数据显然不可行，为此让用户来决定从哪里开始。这种情况下，用户对第一部 Matrix 电影及其出演演员感兴趣（便于清晰只包括主要演员）。当用户看到这些数据时或许对 Hugo Weaving 更感兴趣，打算对他进行扩展，然后向数据源发出一个查询他参演全部电影的新查询，并将其返回到图中。

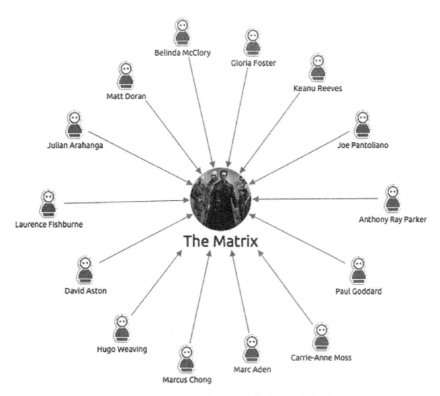

图 6.14　显示 Matrix 电影及其参演演员的初始图

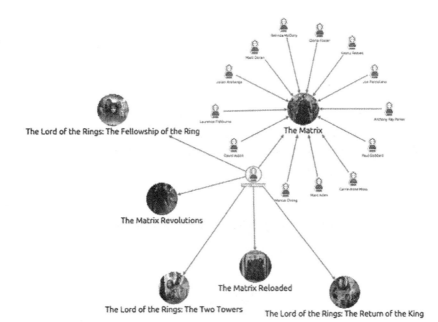

图 6.15　双击 Hugo Weaving 显示其参演的全部电影

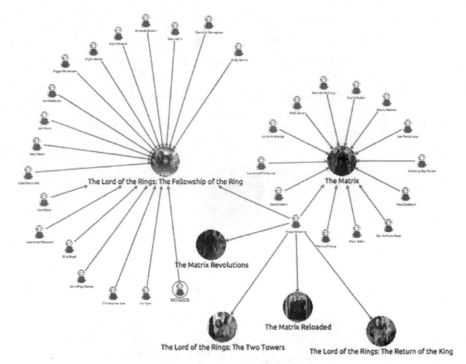

图6.16　双击《指环王》电影添加其参演演员

定义：扩展就是将新的图形数据添加到与用户交互结果相关联项的可视化中。主要是双击鼠标，也可能为其他一些用户操作。对于图形数据库，这是一个易于编写的查询。

返回项能被自定义。对于非常密集数据集，返回并链接的每个结点会出现太多数据，应该只返回包含某个属性的链接。对于稀疏数据集，希望返回结点和边。不是从所选结点删除一个等级而是应该返回两个等级。类似于电影示例中所选电影的所有参演演员和已加星标的电影。尝试和错误是找到正确平衡的必要条件，作者建议典型扩展项应该返回2到12个结点之间的位置。超过12个，图形会太乱以致无法读取，少于2个对用户帮助不大。此外，如果扩展操作返回0个结点则表示链接到所选结点的全部结点都已在图上，这时应该通知用户。否则用户还不清楚扩展操作是已运行，仍在运行还是已返回为空。如图6.17所示的弹出窗口就足够了。

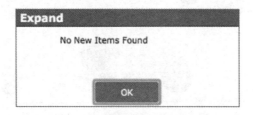

图6.17　未向图添加新数据的对话框

虽然第 7 章中更详细讨论布局，但每次用户展开时请不要运行新布局。这会导致用户失去其位置，并且不清楚展开操作为先前图添加了哪些内容。

在 KeyLines 中对 Abramoff 图进行扩展。只有这样图背后有数据存储才有意义，这里的 Abramoff 图不是真实查询——代码中数据库连接留空，因为 JavaScript 与服务器端数据库连接有多种不同方法。

1. 将 KeyLines 中的双击事件绑定到要运行的 JavaScript 函数，这里为 expandClic-kedNode 函数：

```
chart.bind('dblclick', expandClickedData);
```

2. 现在要编写该函数具体操作代码：

```
        function expandClickedData(clickedID, x, y) {

          if (clickedID) {
            var clickedItem = chart.getItem(clickedID);
            var expandQuery = 'SELECT EVERYTHING LINKED TO NODE ' + clickedID;

        callDatabase(expandQuery, function (json){
          var items = makeKeyLinesItems(json);
          chart.expand(items, {fit: true});
        });

        }

      }
```

不是真实查询

只有用户点击结点或链接时 clickedID 才被填写；否则为空

数据库通常为异步调用，所以需写 callback

数据库不太可能以正确格式返回数据，所以需要创建一个函数，就像第 4 章中所做的一样

点击图背景，无操作

图展开合并新数据到图

在 KeyLines 中，扩展功能是自动动画。

6.4 动画和移动设备

还有一些加强可视化互动的其他方式，包括动画和为移动触摸设备提供触摸支持。我们将在本节介绍这些内容。

6.4.1 动画图形

动画是数字图形优于静态图形最令人兴奋的方式之一。相比静态图像，人脑更容易注意到动作。但是，当不响应用户输入时，在屏幕上移动的项可能会使用户分心和厌烦。用户很多时候打算将特定结点移到特定位置便于让图更可读。尽管几乎每个工具都支持这种拖放行为，但许多开发者仍喜欢在每个操作后运行一个额外的动画布局，这与用户期望恰恰相反。如果可能的话强烈建议关闭此自动动画。

当用户操作时演示动画布局提示非常有用。因为布局算法很复杂，需要一段时间才运

行，所以这里有一种尝试为立即将图置于新布局状态，而不向用户显示事物移动。相反，这是一个使用好动画的机会；当结点从一个位置跳转到另一个位置却不显示变换时很容易丢失一个位置。

其也有助于更改动态视觉属性。如有动画，要更改链接宽度或结点大小，用户会更容易获得这些变化结果。

动画扩展操作也很有用，因为其可显示从所选结点扩展的结点以便更直观演示正在添加的新数据链接到所选结点。

在静态文本中难以实现用户交互，动画实现就更难。有关一些正确使用动画的示例，请参阅本书关于网页动画的一节。

Gephi 不允许自定义动画，但 KeyLines 允许。在 KeyLines 中演示动画的 JavaScript 代码如下：

```
chart.animateProperties()
```

此函数依照期望的动画属性获取一个图对象（结点或链接）的对象或数组。任何数值或颜色属性都可以是动画。例如，下一行代码将结点 7 从当前颜色更改为蓝色，颜色强度为一半：

```
chart.animateProperties({id: '7', c: 'rgba(0,0,255,0.5)'});
```

该行将多链接的宽度——5 和 10 中更改为 10：

```
chart.animateProperties([{id: '5', w:10},{id: '10', w:10}]));
```

默认情况下，KeyLines 和 Gephi 中的布局都是动画的。

许多人把动画简单看作花瓶，但如合理使用，动画也很有用。

6.4.2 设计移动触摸环境

越来越多的 Web 应用程序支持构建移动平台，最近平板电脑和手机屏幕尺寸与分辨率已足够用于进行数据可视化，尽管其工作不同于笔记本电脑或个人电脑。在设计图形可视化应用程序时应考虑会有越来越多的移动用户，而设计一个用户很少使用鼠标的移动 UI 则会独具挑战。

首先，需考虑用户所使用的平台（例如 Android 与 iOS）。结点链接可视化是复杂的图，能显示大量细节但占用了较大的屏幕空间。

作为测试我在旧的 iPhone 5 上加载了大图，但不推荐手机处理大量数据应用程序。因为不可能查看任何细节，用户最终会花费大量时间来缩放和平移数据，而不是理解数据。但平板电脑情况就不一样了。除了 UI 挑战外，图形可视化应用程序不太可能嵌入到移动设备中。你可能需要在服务器端存储数据，并允许平板电脑和手机查询数据。由于要通过 Internet 传输数据——意味着还需要有安全和用户管理计划。这些主题适于移动应用开发，也超出了本书范围；这里集中讨论什么让移动平台的 UI 图形可视化很特别。尽管 Android

平板电脑正迅速普及，iPad 仍占据平板电脑的绝大多数市场，但你可能需要同时支持两种系统。

其次，为平板电脑设计图形可视化时希望尽可能多分配空间给可视化。本章前面，我建议在可视化之外分配屏幕空间以便向用户显示图项的附加属性。尽管这可能是使用大型显示器用户的最好方法，但在平板电脑上可能会妨碍我们工作。对于移动平台，重要数据应该在图本身上面，而不是藏在菜单导航或侧边栏菜单后面。

最后，用户可能会通过手指与可视化进行交互，手指会覆盖很多屏幕区域。因此，带有密密麻麻的 UI 元素，比如一个具有很多结点的繁图，期望用户点击各个结点执行诸如扩展之类的操作显然不现实，除非结点大致仅有指尖大小或更大点。为避免该问题，请将图保持在较小范围内，以便在较大屏幕上的应用程序中采用较少的项。此外，人们在手机上使用多根手指，这样通常会采用多点触控手势（同时处理多个指尖互动）。如前所述，熟悉触摸设备的用户掐手指想放大，然后分散手指来缩小。在某些情况下使用三,四,甚至五根手指更复杂的多点触摸手势可能很有用。

移动平台上的图形可视化是个新领域，现有的工具还没有赶上。Gephi 是仅限 Windows 的软件，因此尽管它能在 Microsoft Surface 上运行，但不适用于 iOS 或 Android 设备。KeyLines 支持 iOS、Android 和 Microsoft 触摸设备，带有一些基本触摸事件，但仅在浏览器中，而非本机应用程序。现在，似乎没有一个本地移动图应用程序可用，这意味着可能为一个有创意的图形开发者提供了创建机会。

6.5　小结

本章学习了如下内容：

❑ 除最简单图形可视化外，浏览是图形可视化最重要的特性，大多数可视化应用程序和工具包中都自带浏览功能。

❑ 某些属性很重要，包括图上面——帮助用户决定哪些结点是要关注的内容——但用户一旦选择某个结点或链接后应该保存其他属性。

❑ 信息提示有助于减少杂乱。KeyLines 和 Gephi 默认都不包含信息提示，但可通过几行代码为 KeyLines 添加信息提示。

❑ 太多数据一次呈现时，允许用户在浏览数据时进行扩展可能非常有用。

❑ 动画虽好，但不能滥用，否则会失去用户的注意力。

❑ 支持移动平台很重要，但触摸界面设计也很重要，因为它不同于鼠标接口。

Chapter 7 | 第 7 章

组 织 图 形

本章涵盖：

■ 布局及其重要性

■ 力导向布局变换何时有帮助

■ 特定数据结构的其他有用布局

■ 3D 渲染的弊端

图形可视化与其他数据可视化不同，屏幕上结点实际位置无内在含义。例如位于屏幕左上角的结点与右下角的结点没有什么不同。这与 XY 散点图形成鲜明对比，在笛卡尔平面上，项的位置代表其特定属性值。结点链路图形可视化中，结点位置取决于方便性和可读性。结点应放置在让图不凌乱且易于阅读的位置。可惜的是，自动布局算法不是魔术。一旦图上结点和边的数量达到数百个，就很难设计布局来便于图可读。一个更大图的最常见要求是梳理链接，或防止链接彼此交叉。受 2D 几何限制，对于大多数图这是不可能的。

图形绘制领域已开展了数十年学术研究，这是一个通过算法确定并以最佳方式组织图形进而提高其可读性的数学分支。本章将讨论一些最常见的布局算法、工作原理及其用途。

自动布局通常只是第一步，有助于将图形置于半整合状态。如第 6 章所述，一定要允许有手动布局度量，手动拖动结点能创建令人愉快的布局。表 7.1 列出了本章所讨论的布局及其用途。

全部手动将大量结点和链接放在目标页面上非常耗时。布局通过算法确定结点位置，所以选择正确的结点数据类型很重要。本章中将更详细地查看布局选项：什么时候图形中数据更清楚以及什么时候引起更多混乱。

表 7.1 常用布局及其用途

布局名称	典型示例	详细说明	缩略图
力导向布局 （ForceAtlas、 Fruchterman- Reingold 等）	TCP/IP 计算机网络， 社会网络分析	• 结果较好，不考虑具体数据结构 • 链接最好的结点放在靠近中心的位置 • 在有大量链接的结点周围创建星放射状效果 • 计算速度慢	
环形布局	令牌环计算机网络	• 适用于稀疏图 • 结点可通过某些属性值（例如从大到小）来组织 • 计算速度快 • 密集图不美观	
层次布局	企业报告结构	• 非常适用于树型数据结构 • 其他情况则结果很糟	
径向布局	通缉海报	• 适用于专注特定结点并检查其距离（链接数） • 计算速度快	
结构布局	IMDb （互联网电影数据库）	• 根据相似结构将结点分组 • 结构表示结点链接到同一事物 • 试图利用链接识别相似结点时有用 • 对于密集图与大图不美观	
3D 布局	极少	• 相当酷 • 无实用价值	

7.1 力导向布局

力导向布局算法是最常见的图形绘制方法，数学上易于编写而且在不同图形数据结构之间都能产生良好的结果。如果你不太了解数据，也不了解不同布局的适用范围，这是一个好的开始。力导向布局很常见，图形可视化有时称为受力图。力导向布局的基本原理是将图形建模为物理系统，运行该模型来确定结点的结束位置。

图 7.1 结点之间有链接互相吸引

该模型中，每一对结点都有吸引力或排斥力，这取决于它们之间是否存在边。也就是两个结点间有链接就希望它们更靠近一些——将其间想象成弹簧力或重力，如图 7.1 所示。

结点无链接则互相排斥，如图 7.2 所示。

如果链接结点无限制地相互吸引，则算法会将其端点全部堆叠在一起，因此这种布局的另一个特性是存在一个理想的链路长度。只有当结点比这个长度更远时，吸引力才会吸引，否则就排斥。

运行计算后，每个结点都有与其相关联的力向量，排斥未连接的结点并指向（大部分）连接的结点。然后，该算法将每个结点沿该方向移动一小段距离。再次运行结果直到结果稳

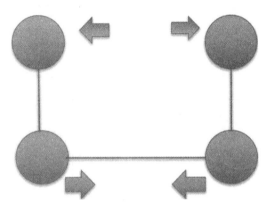

图 7.2 结点之间无链接互相排斥

定（对于一些实现）或完成固定次数的迭代（对于许多其他实现）。图 7.3 为中等规模图的力导向布局结果。

力导向算法是随机的，也就是对于同一图形，布局算法不会每次自动创建相同的图。它根据结点的起始位置而变化很大，这在大多数力导向算法中是随机的，因为没有先验标准来放置结点。这是布局的一个缺点，同一图数据上运行相同布局的两个人可能会得到明显不同的结果，甚至看起来并不相似。如图 7.4 所示，结点起始位置不同导致相同力导向布局的两个示例创建了两个不同图形。

基本力导向布局通过调整吸引力和排斥力的大小来产生不同的结果。高吸引力会创建紧凑的图和短的链接，而高排斥力创建更长链接的分散图。Gephi 中可以在应用程序的"布局"面板内进行自定义。KeyLines 中这两个变量被封装成一个称为"紧密度"的参数，用来控制吸引力与排斥力的比值。图 7.5 和 7.6 分别显示紧凑图与分散图示例。

图 7.5 的布局节省空间，但不能为详细注释预留大量空间。图 7.6 占用更多空间，但随链接和结点的减少能留出更多空白区域来显示更多细节。

力导向布局尽管对许多不同图形结构效果都很好，但有两个缺点：执行速度和结点堆叠。

图 7.3 力导向布局将未链接结点分开便于查看图结构。该算法运行足够时间后会得到稳定结果，其中没有一个结点有强力影响它们

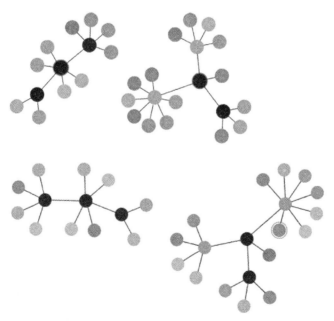

图 7.4 上图和下图是相同图形数据的力导向布局，由于运行布局时结点的起始位置随机导致显示结果不同

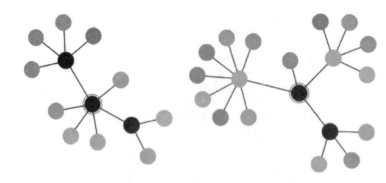

图 7.5　具有高吸引力的布局生成短链接且密集的可视化

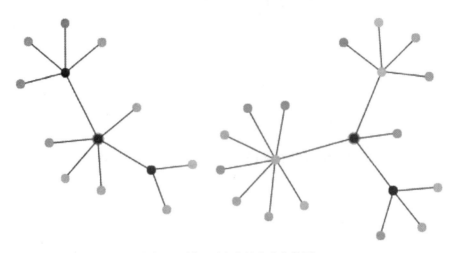

图 7.6　低吸引力布局生成分散图

缺点

普通力导向布局计算速度可能相当缓慢。计算次数通常以结点数量的平方为单位（每个结点必须与其他结点逐个进行比较来计算力，而且每次迭代都要重新计算），这样计算速度会急速变慢。一些更现代的算法能更好扩展到 $O(N \cdot \log(N))$。即使在更快硬件上，具有数万个结点的大图也需要几分钟才能完成计算。为此有布局算法采用快捷方式。因为力向量的值随着结点间距离的平方而变化，所以极远结点通常其贡献度能被忽略。这样算法显著加速，因为只需计算来自链接结点及其附近非链接结点的力，而结果精度却几乎不受影响。

力导向算法的另一个缺点是会发生结点跨界，有可能导致结点彼此重叠。有时这也许有益，如果只关注数据整体结构，而非每个结点细节，则结点重叠能节省空间。但更多时候，希望每个结点整体可见。这也给布局增加了复杂性，因为还必须计算每个结点范围是否与另一结点重叠（切记，许多好的可视化会包含不同大小的结点，因此每个结点范围也不同）。一个常见的解决方案是在计算结束后微移结点以使每个结点可见而不是在每次迭代后重叠。图 7.7 为有重叠结点的图形布局。

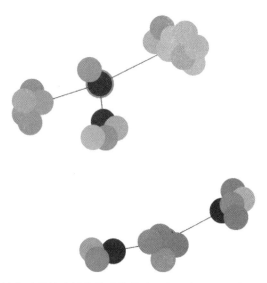

图 7.7　有结点重叠的力导向算法能节省空间，但以丢失每项细节为代价

7.1.1　Gephi 的力导向布局

　　现在学习力导向布局操作。首先查看 Gephi，它提供力导向布局。可以在主视图的左下角的"布局"面板中使用这些选项。图 7.8 为布局面板中的部分选项。

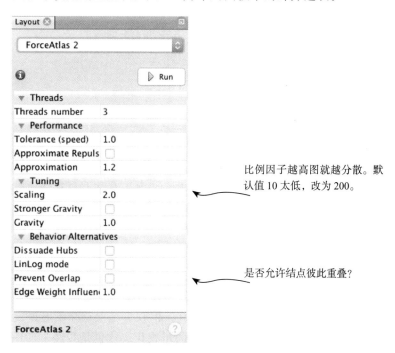

图 7.8　Gephi 的布局面板。大多数布局不断运行直到让其停止为止

　　虽然能通过插件功能添加其他布局，但这里重点介绍基础 Gephi 软件包中两个主要附带力导向布局：ForceAtlas 和 Fruchterman-Reingold。

　　ForceAtlas 是最常见的力导向布局，Gephi 通过"布局"面板中设置参数来调整吸引力与排斥力。图 7.9 为 Gephi 中的 Abramoff 图，采用默认的 ForceAtlas 布局（为了便于动画显示，建议查看时启动 Gephi）。图 7.8 使用 ForceAtlas2 布局，但需要将图的比例因子从默认值 10 修改为 200。默认参数让结点簇太紧。这是排斥力与吸引力间的比值，数字越大图越分散。

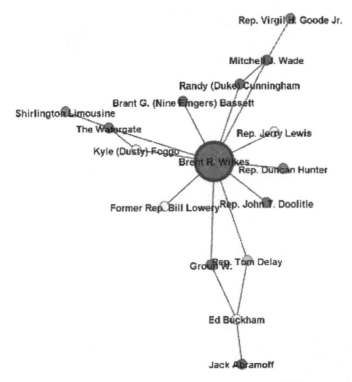

图 7.9　Gephi 的 ForceAtlas 布局将主题 Brent Wilkes 放在图形的中心附近

　　请注意，主题 Brent R. Wilkes 自动放在图中心。由于有结点与其链接而且这些结点彼此不链接，所以他周围形成了一个星放射状的效果。这是几乎所有力导向布局的常见效果，有助于确定图中最佳链接结点。

　　现在看看使用相同图形数据的 Fruchterman-Reingold 布局。尽管都是力导向布局，但是图形外观有明显区别。不讨论枯燥的数学细节（如感兴趣请浏览网址 http://mng.bz/ L9GX），Fruchterman-Reingold 倾向于将结点均匀地分布在图形上面。这是一个较旧的布局，调整选项较少，在技术上要逊于 ForceAtlas 布局，但较少选项意味着通过设置不良属性破坏布局的方式也较少。因此，你能获得更美观的可视化。这也是我经常使用 Gephi 时的第一选择。图 7.10 为相同 Abramoff 图的 Fruchterman-Reingold 布局结果。

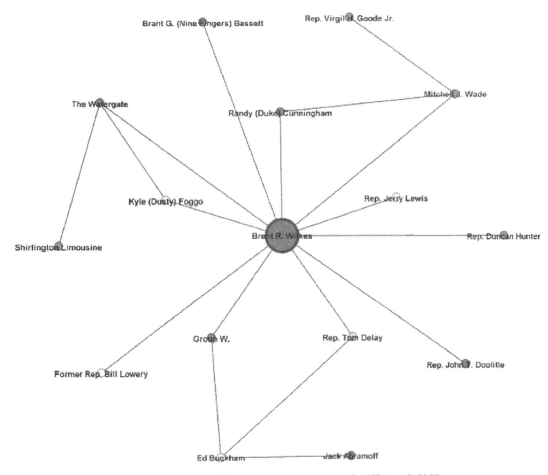

图 7.10 Abramoff 图的 Fruchterman-Reingold 布局算法运行结果

由于 Gephi 持续运行布局，只保持运行布局便可在"布局"面板参数中得到你想要的结果。接着更改参数（如缩放、重力和重叠）同时查看反映在图形上的即时结果。

7.1.2 KeyLines 实现

你能决定在应用程序中向用户展示多大布局灵活性。KeyLines 仅有一个称为标准布局的力导向布局，里面有个参数称为紧密度。可视化应用程序中的典型场景是为用户提供 UI 以便按实际要求运行布局。所以我们将在 KeyLines 中构建 Abramoff 应用程序。在 HTML 中添加下行代码以创建标准布局的按钮：

```
<input type="button" value="Standard" id="standardlayout">
```

接下来，告诉应用程序用户单击按钮时该做什么。这是 JavaScript 代码实现（$ 符号表示使用 jQuery，它是可选项但很有用）。

```
$('#standardlayout').click(applyStandardLayout);
```

该行告诉应用程序点击按钮时运行 `applyStandardLayout` 函数，因此还需要编写该函数：

```
function applyStandardLayout() {
  chart.layout('standard');
}
```

现在，当用户点击网页上标有"标准"的按钮时运行标准布局，结果将如图 7.11 所示。

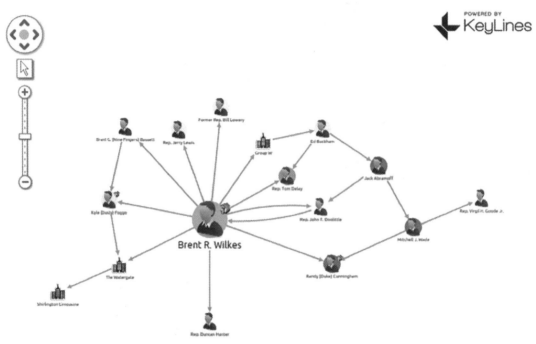

图 7.11　KeyLines 中 Abramoff 图的标准布局

布局函数调用有很多参数，关键是结果是否为动画，结点是否允许重叠（整齐）以及结果的紧密性。下面代码片段中，我们对结果外观增加了更多控制。紧密度属性的范围为 0 到 10，默认值为 5，所以我们选择比默认值稍微松一点的布局：

```
chart.layout('standard', {tightness: 4, animate: true, tidy: true});
```

7.2　其他布局

虽然力导向布局最受欢迎，但其他布局算法能对某些数据结构很有用。正如本章开头所提，不同图形适于不同情况。稀疏图每个结点只有一个或两个链接，则环形布局是便于查看该数据的模式。但是，对于密集图，由于链接都相互交叉，环形布局将变得非常混乱。

如果数据有树结构，则层次布局更适合，也就是结点仅在相邻级别链接到结点，但别的布局方法效果差强人意。径向布局将结点或一组结点放置在图中心，并组织其周围的其他部分，因此如果图中有一个特别关注点还需了解其他内容与该焦点结点的关系时，径向布局很适合。KeyLines 有一个独特布局称为结构布局，它创建圆簇即所有链接到相同结点的其他结点组合，并运行一个力导向布局将这些圆簇本身作为结点。这个方法很有趣，在特定情况下有所帮助，但也可能结果很糟糕。

7.2.1 环形布局

对于网络示例环形布局指示作用最明显。大多数链接是内部的每个有色子域，不难看出绿色结点与紫色结点之间有大量链接，可能是精心设计或者需要进一步研究。

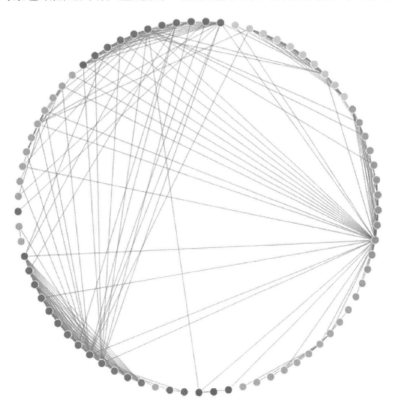

图 7.12 环形布局的合理示例

该示例中你能在组织里面看到有用的模式。橙色结点为整个网络中与其他组链接最好的结点，大多数紫色结点与其他紫色结点链接，极少数链接会贯穿全图。环形布局的另一个特点是不会将任何特定结点放置在中心位置。对结点进行平等处理不希望用户注意力集中在特定结点时，圆形布局为最好选择之一。尽管有该示例，但环形布局并不是常用组织图形的有效方法。常用数据最终往往如图 7.13 所示。

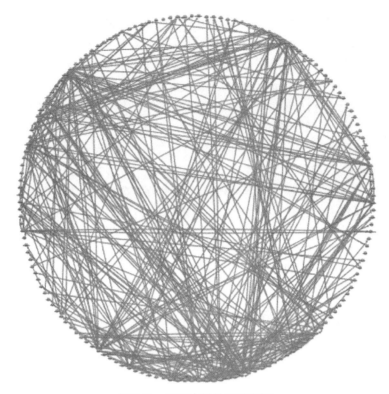

图 7.13　环形布局的糟糕实例

这是第 1 章中 Enron 图的环形布局。图形很密集而且有大量链接以至难以理解数据中的各种模式，放大得足以能看到紧密链接的结点细节，这也说明不能再确定所有指定链接的端点。

实现

Gephi 默认情况下没有环形布局，但你能从 Gephi 市场添加环形布局插件（https://marketplace.gephi.org/plugin/circular-layout/）。安装此插件后，包含有趣参数的圆形布局会显示在 Gephi UI 的"布局"面板中。

KeyLines 中，循环布局与其他布局不同——被称为排列，使用 chart.arrange 函数进行访问。尽管在 Abramoff 图中添加了一个环形布局按钮，但我并不推荐使用。首先，向 HTML 添加另一个按钮：

```
<input type="button" value="Circle" id="circlelayout">
```

添加按钮到页面；在 JavaScript 中定义该按钮用途：

```
$('#circlelayout').click(applyCircleLayout);

function applyCircleLayout(evt) {
chart.arrange('circle', chart.selection()});
}
```

当用户点击按钮时，将选定的结点（`chart.selection()`为所选结点的数组）排列成一个环，结果如图 7.14 所示。

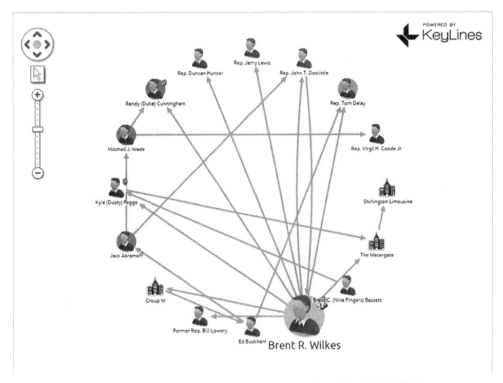

图 7.14　排列成一个环的 Abramoff 图。这不是一个有用的布局数据

尽管环形布局不是 Abramoff 数据的最糟糕布局选择，但是由于其图看起来很凌乱而且链接彼此交叉，所以缩放时会让人困惑。

7.2.2　层次布局

如果数据是按严格的层次结构组织的，那么使用树来显示可能最有效。但大多数图形数据没有该格式。也就是每个结点只能链接到一个上层结点，但可以有多个下层结点。企业报告结构就是层次结构最常见的示例，如图 7.15 所示，顶层为 CEO，中层各级管理人员向 CEO 汇报，底层工人向经理汇报。

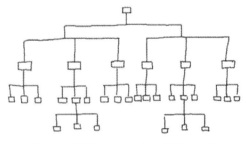

图 7.15　顶层为 CEO 的企业层次布局

严格的层次结构也称为有向无环图（DAG）。一个错误链接就能破坏层次结构。如图 7.16 所示，有一个人向两个经理汇报，这时就不是严格的层次结构。这就是为什么层次结构布局不通用。有链接破坏规则那么就无法定义该结构。

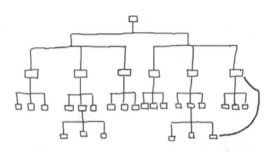

图 7.16　一个不完整层次，某人同时向两个经理汇报导致分层布局存在问题

企业结构并不是按层次结构组织的唯一数据类型。体育比赛也是另一个很好实例，Windows 文件结构也如此（一个文件既在一个文件夹中又在另一个文件夹中，直至磁盘根目录。虚拟文件夹或链接会破坏该结构）。在图 7.17 中显示了一个服务器、该服务器上的主机、这些主机上运行的服务以及使用这些服务的业务部门。

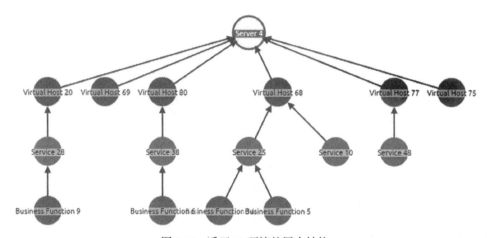

图 7.17　适于 IT 环境的层次结构

实现

Gephi 默认情况下无层次布局，但能使用有向无环图布局插件。我对其效果印象不深但其肯定有用。你可以在这里下载：https://marketplace.gephi.org/plugin/daglayout/#。

跟环形布局一样它也显示在"布局"面板中。在 Gephi 中层次结构的顶点（即 CEO）被自动选择，这是基于链接的方向，因此所有链接都必须有向下箭头便于 DAG 布局工作。

在 KeyLines 中层次结构布局允许你或者用户指定层次结构的顶点。即使链接上有箭头，KeyLines 也不会自动计算顶点，尽管能在后续的 JavaScript 中直接执行此操作。如前所述，我们把层次结构布局选项添加到 Abramoff 图中，同时让用户能自主选择顶点。为把该按钮放在页面上请将下列内容添加到 HTML 中：

```
<input type="button" value="Hierarchy" id="hierarchylayout">
```

通过以下 JavaScript 将其绑定到 KeyLines 的层次结构布局中：

```
$('#hierarchylayout').click(applyHierarchyLayout);

function applyHierarchyLayout(evt) {

if(checkSelection('#hierarchylayout')){
chart.layout('hierarchy', {top:chart.selection()});
 }
}
```

必须选择一项来定义顶点

层次结构中点击 Brent R. Wilkes 选择按钮会显示图 7.18 所示内容：这个非常不错的数据布局表明 Brent Wilkes 为这个阴谋的关键人物。不过，这并不是一个真正的 DAG，因为图中还显示了 Ed Buckham 与 Tom Delay 和 Group W 之间的链接，但是很接近 DAG。

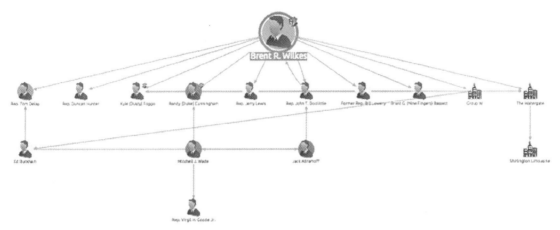

图 7.18　KeyLines 中以 Brent Wilkes 为顶点 Abramoff 图的层次结构布局。请注意，存在一些破坏规则的链接但对外观影响不大

7.2.3　径向布局

径向布局与环形布局相似，但有一个关键区别：倾向。环形布局目的在于不突出任何特定的结点，因此不会让观察者偏向于认为某个结点比其他结点更重要；径向布局目的则完全相反，它将一个结点或一组结点明确地放在中心，然后将图形其余部分组织在其周围。需要事先知道数据的关键结点，这是环形布局的巨大改进。图 7.19 中对前面章节提到的电影图，以女演员 Carrie-Anne Moss 为中心进行径向布局后。你会发现全部数据中每个事物都有两个链接，因此该算法在她周围构建了两个同心圆：一个是她出演的电影，另一个是这些电影中的男女演员。

跟其他布局一样，默认情况下 Gephi 也不包括径向布局，但能在市场中下载插件来使用：https://marketplace.gephi.org/plugin/concentric-layout/。一旦安装完毕，它就会与其他布局一起显示在 UI"布局"面板中。

KeyLines 中径向布局与其他布局一样，通过在 API 中使用函数来调用。跟层次结构布局一样使用 top 属性来识别中心。像其他布局一样将其添加到 Abramoff 图，并对 HTML 和 JavaScript 进行如下更改：

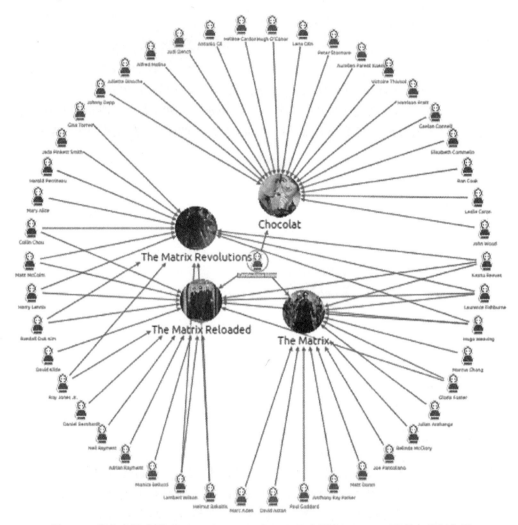

图 7.19　径向布局表明 Carrie-Anne Moss 在 Matrix 电影和 Chocolat 两者中都起作用

```
<input type="button" value="Radial" id="radiallayout">

$('#radiallayout').click(applyRadialLayout);

function applyRadialLayout(evt) {
if(checkSelection('#radiallayout')){
chart.layout('radial', {top:chart.selection()});
 }
}
```

与层次结构布局一样，也需要选择

Abramoff 图的 KeyLines 结果如图 7.20 所示。

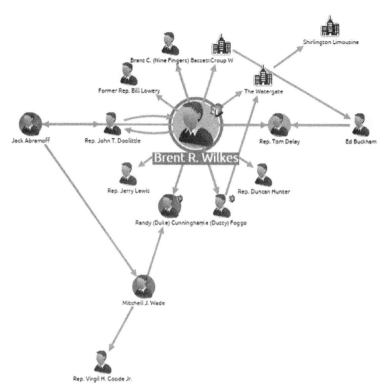

图 7.20 以 Brent R. Wilkes 为中心的径向布局的 Abramoff 图。显示了其余网络部分与其的链接关系

7.2.4　3D 布局

到目前为止，我们专注于在平板电脑显示器上显示二维图形可视化。可是，从早期的计算机图形学开始，人们对在三维图形中进行可视化很感兴趣。理论上具有交叉边的复杂图形问题能被消除，因为结点总能相互放置，并且旋转摄像机可以让用户直观了解结点群集以及哪些组彼此链接。因此像图 7.21 这样的图司空见惯。

目前，3D 可视化使用已有硬件加速技术（如 WebGL）很容易渲染。力导向布局只简单计算每个结点的运动向量，所以很容易适应 2D 上的 3D。不容置疑，3D 能被可视化团体所接受。三维可视化中结点必须根据它与摄像机间距离来进行大小调整，所以会失去根据数据属性对结点进行大小调整的能力，如第 5 章所讨论的那样。另外由于有些结点会被其他结点遮挡，不能同时看到整个图。

另一个缺点是链接很难看到。复杂结构在平面上可能看起来像一条线，就像观察土星环时只能看到边上一行但从另一个角度会显示出复杂性一样。无论 Gephi 或 KeyLines 或附录中介绍的其他工具都不支持 3D 图形。随着会跟踪头部运动和 3D 手势控制的虚拟现实产品问世，我们能在 3D 中挖掘更多有用信息。尽管虚拟现实变得越来越普遍，但它似乎仍然相当遥远。

图 7.21 叠加在 2D 页面上的 3D 图形可视化

7.3 小结

本章中学习了如下内容:

❑ 布局只是数据的可视化组织,其不影响底层结构。

❑ 不同布局适应于不同的数据结构。

❑ 力导向布局非常适合常规数据,即使不了解结构;对于大图也能快速生成可视化。

❑ 径向布局适于某特定结点或显示结点与图中其他内容的链接情况。

❑ 环形布局不是很有用,但其可以通过将每个结点与中心以相同距离放在图上来消除偏差。当存在大多数组内链接而非内部链接时有用。

❑ 当数据遵循一个严格或至少接近的有向无环图格式时,层次布局才会非常好用,否则会出现混乱。

❑ 普通 Gephi 布局都在布局面板上进行,其他布局通过市场插件添加。

❑ chart.layout 是 KeyLines 运行布局的命令,演示如何创建按钮并调用布局。

❑ 三维可视化布局尚未得到普及,但技术进步会让其在未来有所发展。

大数据：数据太多时使用图形

本章涵盖：

■ 图形可视化限制，网页和桌面

■ 提取单独数据端点

■ 按类型或其他指标筛选图形

■ 分组结点和链接

第 6 章讨论了数据量并解释了为什么图形在屏幕上集中显示每个数据端点并不现实。处理大型数据集时要牢记这一点，本章中讨论的一些技术（例如允许用户浏览图形），在处理数千甚至数万个结点时会很有用。我公司客户中有一家信用卡处理公司，每秒处理 24 000 笔交易。其根本无法在图形可视化中绘制每个事务。有时大数据术语到处乱用，但这却是真正大数据。那么，在这些情况下，是否还应考虑图形可视化？也许。我们将从小处做起，努力工作。

本章中介绍一些处理大量数据（如筛选和分组）的技术，这些技术对你很有用，因为它们能让用户只关注与其相关的数据。但是，即使你充分利用这些技术，或者根据用户查询显示数据子集，偶尔也会出现数据量太大的情况，图形并不是最佳显示方式。我们也会碰到这个问题。

读到本章结尾，你将学会如何可视化大容量数据，对于这种数据很难绘制所有数据点。但我们首先探讨筛选数据，这是避免视觉混乱的最佳方法。

8.1 控制结点和边的可见性

本章重点之一是一次查看所有数据并不总是有用。或者至少当你看到所有数据时，下一步应决定如何筛选数据以保留与分析最相关部分。图 8.1 为从客户电子邮件数据集中生成的可视化图形，类似于第 1 章中的安然示例，该示例中公司每人都是一个结点，两人间有电子邮件发送则存在链接。特别一提，成千上万的记录都能由一个单一链接来表示，链接本身只显示两人之间存在交流；但并不揭示他们曾交流过一次还是上千次。只有两人通过电子邮件交流时，该设计决策才能显著减少绘制量，因为该数据集中有许多重复事务实例只需绘制一次即可。我们也可利用该链接可视属性来显示其表示的通信量。

图 8.1 中公司每个员工都在图中心并链接到与其有过电子邮件联系的每个员工。

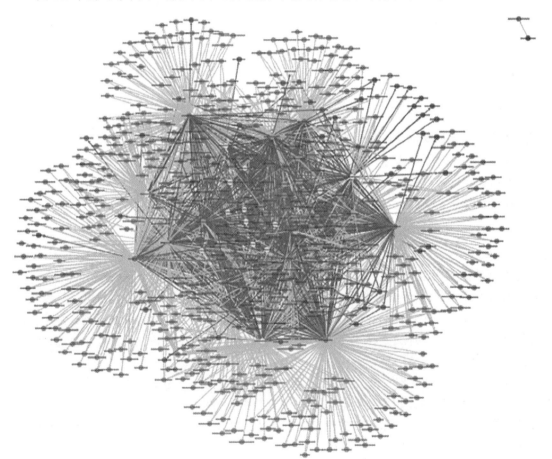

图 8.1　匿名公司内部和外部的电子邮件联系人。内部地址为彩色结点，外部地址为灰色

彩图中对代表公司内部员工的结点进行着色以显示其部门：销售红色、技术黄色、销售粉色等等。公司外部联系人为灰色。由于有颜色易于区分，这让图结构更清晰显目。不

出意料销售人员与大多数外部地址交流，而管理人员和营销人员大多为内部交流。尽管这样仍然有太多数据。为理解图的传达信息，控制绘制量的最基本方法之一是筛选数据，只查看与手头业务相关的信息。因为每个员工的部门都是结点的属性之一。对图 8.1 筛选两个部门时，其结果如图 8.2 所示。

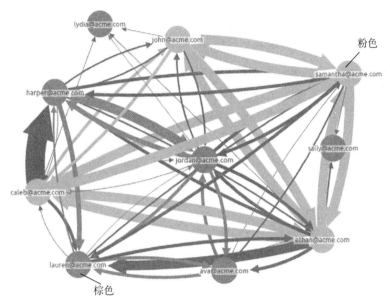

图 8.2 从图 8.1 中筛选出仅显示市场（粉色）和管理（棕色）员工及其交流的图。这能提供一些重要信息，比如市场销售如何频繁地发电子邮件

图 8.2 中运行了一个筛选器来隐藏除销售和管理人员之外的所有人。结果是这两部门之间的交流方式更加直观。例如，与图上其他链接相比，根据链接宽度发现两部门之间的关键交流点似乎来自 Caleb（市场粉红）到 Harper（管理员棕色）。那么我们也能利用结点属性实现链接筛选。

图 8.3 为航空公司航线的网络图。原始数据集显示所有美国航空公司的航班，但我对其进行筛选只显示两个不同航空公司的航班：Alaska Airlines（深蓝）和 JetBlue（浅棕）。该图表明这两航线系统之间几乎没有重叠，西雅图和波特兰到纽约和波士顿是个两航空公司的唯一重叠航线。少的航线重叠成为一家航空公司收购另一家航空公司的吸引力，这也是图形可视化成为研究公司并购的一个非常有用工具的主要原因之一。

对该图进行筛选处理便于更深入甚至更加关注最重要的位置。筛选标准任意。筛选能忽略那些冷门航线只关注那些每天多达 7 架次或每年 2800 架次的最繁忙航线。图 8.4 给出了筛选用户界面有助于查看图中应用的各种筛选器；对航线和航班数筛选后的结果既有趣又实用。不难看出 Alaska 航空的最繁忙航线和 JetBlue 航空的最繁忙航线之间无重叠。JetBlue 航空公司几乎所有繁忙航线均来自纽约肯尼迪或波士顿，只有一个例外（长滩至拉斯维加斯）。

图 8.3　Alaska Airlines 和 JetBlue 的航线图。图上的目的城市表明这两航空公司之间几乎没有航线重叠

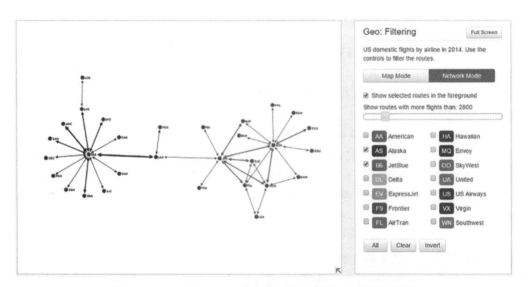

图 8.4　Alaska 和 JetBlue 航空公司每天高于 7 个航班的航线

有两种筛选方法：将数据导入可视化前筛选和用可视化工具筛选。两者优缺点如表 8.1 所示。

表 8.1　数据筛选与可视化筛选的优缺点

	优点	缺点
数据筛选	只要展示合理数量的数据就不限制数据集大小。 仅限于创建的查询。 不影响视觉效果。	筛选器查询非常复杂且耗时。 删除或添加新筛选器需要对数据库进行新查询。 可视化工具不清楚筛选数据。
可视化筛选	所有操作都在工具中完成；无需一直与数据源保持连接。 内存中完成筛选项且易于返回。 无需设计复杂查询。	受限于可用内存——极大数据集无法工作。 筛选器仅限于单机的运算效率；无缩放。 仅限于所选可视化工具的功能筛选。

数据端的筛选很简单。航空公司的航班示例中，如果数据在关系数据库中只需使用相应 WHERE 语句返回所需的数据然后将数据插入到可视化工具中即可，代码如下所示：

```
SELECT * FROM route
WHERE NumFlights > 2800
AND (Airline="AS" OR Airline="B6")
```

用户决定还要看西南航空公司时会发生问题；必须返回数据库以获取更多数据，这样会增加服务器开销并产生不良后果。因此，有时直接在可视层进行数据筛选很有意义。接下来介绍如何在 Gephi 和 KeyLines 中构建筛选器。

8.1.1　在 Gephi 中筛选数据

Gephi 概览窗口左侧有一个用户界面友好的复杂筛选器选项。继续以前几章的 Abramoff 图为示例学习使用复杂筛选器，如图 8.5 所示。

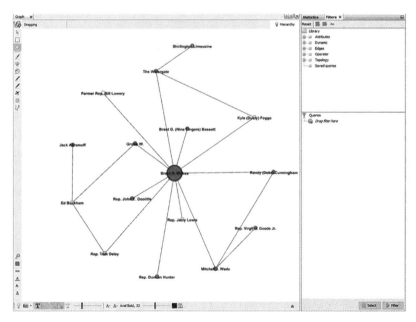

图 8.5　从第 5 章开始在 Gephi 中构建的 Abramoff 图。"筛选器"面板位于右侧

运行所选筛选器前，需要添加一些可筛选的数据，因为现在图中只包含所涉及的人名。要在 Gephi 中编辑数据需切换到位于窗口顶部中心的 Data Lab0oratory 面板。如图 8.6 所示，Data Laboratory 以电子表格类型显示数据。

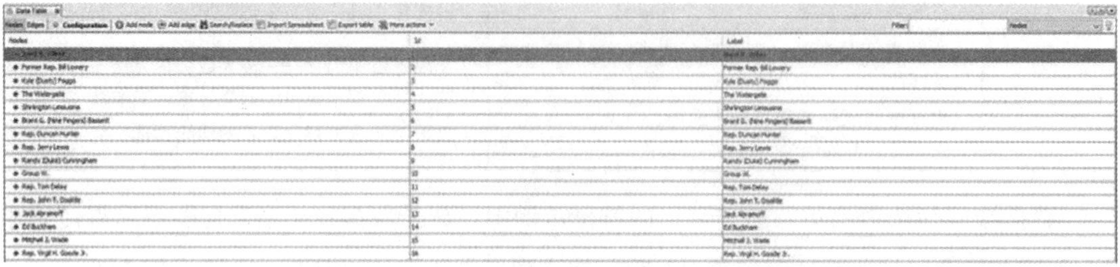

图 8.6　Abramoff 图的 data laboratory 显示结果

给每个结点链接一些属性。前面我们用颜色编码来表明此人是否被指控或被调查，现在再加上这些数据。该图上只有十几个结点，需要我们单击屏幕底部的"添加列"按钮创建一个名为"指控"的布尔类型数据列将其直接输入到 Gephi。之后根据《纽约时报》原文检查那些被指控的人。结果如图 8.7 所示。

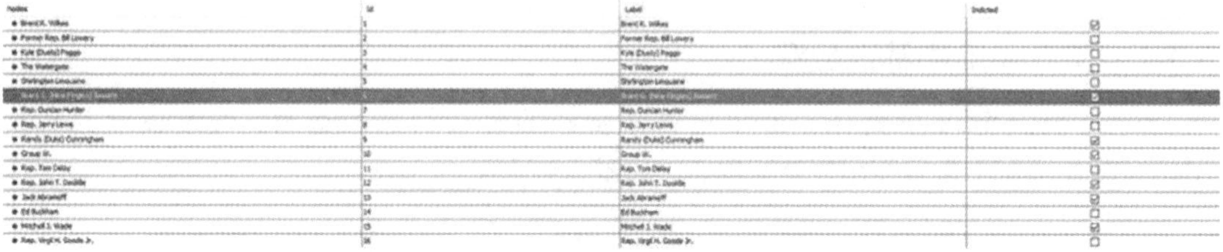

图 8.7　Gephi 中添加附加列便于图中数据筛选

现在已有部分结点的属性，那么该如何在 Gephi 中应用一个筛选器。首先，使用图形查看概览窗口右侧的筛选器面板。我们期望图中仅显示被指控的人，Gephi 术语称其为该结点的属性。所以需要扩展 Attributes 文件夹。下一级中仅想查看属性等于某值的项，如相等则为 true，这也让我们需要扩展相同的文件夹。作为结果我们会在图形中看到包含结点所有属性的列表，也包括我们刚刚创建的被指控标志。现在找到该值并将其拖到底部面板中，我们要在这里构建筛选器。关于指导请参见图 8.8 中的屏幕截图。

被指控为布尔属性，系统会询问是匹配 True 还是 False；点击 True 执行数据筛选，Gephi 图仅显示只有被指控人的结点及其链接，结果如图 8.9 所示。

在结点和链接上添加额外筛选器来同时运行多个筛选器。设想下仅查看银行交易金额介于 100 000 美元至 475 000 美元之间的支票账户；筛选器如图 8.10 所示——注意 Range 属性下面的属性分布，这很有用。

虽然能在 Gephi 中创建尽可能多的筛选器，但如本章开头所述，受内存中图形模型中所保存数据的限制。根据系统硬件，结点和链接数达到数十万时 Gephi 运行速度开始变慢。

但是，除了这一点之外，筛选器功能有助于你深入理解那些与你相关的数据领域。

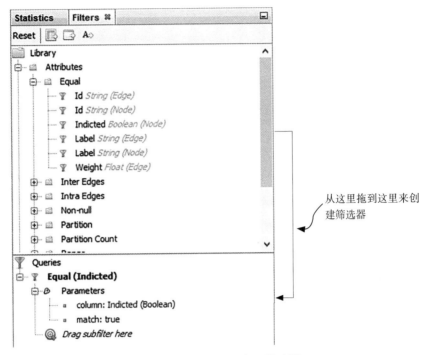

图 8.8　Gephi 建立自定义筛选器

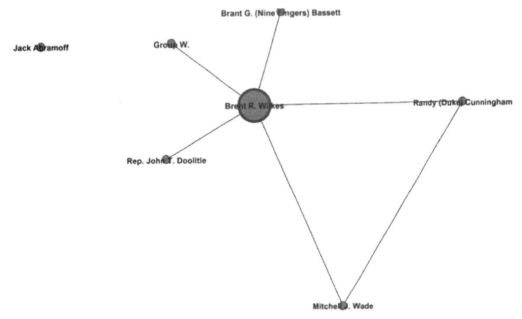

图 8.9　筛选 Abramoff 图仅为显示丑闻中被指控的个人或公司

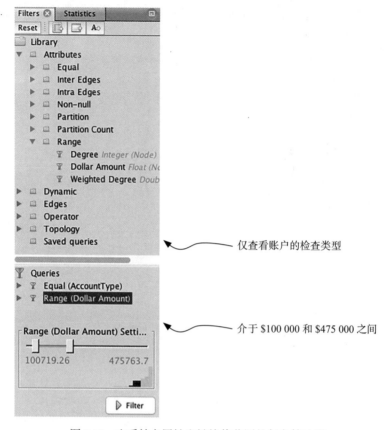

图 8.10　查看结点属性和链接值范围的复杂筛选器

8.1.2　在 KeyLines 中筛选数据

KeyLines 无筛选内置 UI，尽管有 API 用于筛选结点和链接。不像 Gephi，KeyLines 需要编码创建自定义 UI 进行筛选。目前 KeyLines 中最常用筛选功能是根据结点类型进行筛选。另外图形中最常见和推荐的方法是用一系列复选框标识图形的显示类型并按照类型筛选结点。这让用户仅能检查或取消选中特定结点类型旁边的框从而在图形上打开或关闭它。图 8.11 中列出了图 8.4 以便查看 KeyLines 中建立的航空公司图形及其旁边允许用户筛选掉指定航空公司航班的复选框。

该例中还添加了一个滑块来控制范围——图中要显示的这对城市间的年度航班架次阈值。选中一个框或拖动滑块将自动重新运行筛选器以便用户立即看到筛选结果。KeyLines 筛选图形数据分基本方法和高级方法。基本方法使用 chart.hide(id, options, callback)，该函数采用单个结点或链接或结点链接数组来隐藏它们。Chart.show 是显示当前隐藏的结点或链接的等效功能。下面代码演示如何从图 8.11 所示的图形中隐藏波士顿和 JFK 机场：

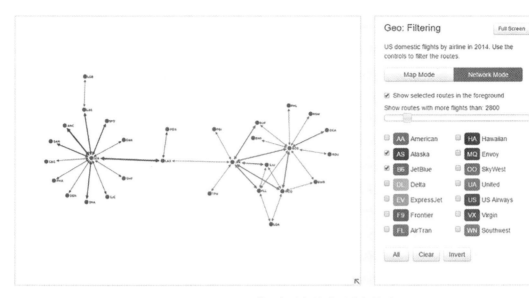

图 8.11 KeyLines 使用复选框按类型进行筛选

```
chart.hide(['BOS','JFK'], {true, 100});
```

options 对象允许以动画方式隐藏对象以创建一个褪色效果，而 100 为转换所需的设置时间。

尽管工作正常，但单独隐藏和显示结点和链接是一个维护噩梦。前一个示例中监测到复选框或滑动条的每个操作后就必须编写代码来循环图形的每个结点和链接以查看它是否符合要显示或隐藏的多个标准。为此我只在最简单情况采用 chart.hide。对于更复杂的筛选器，有 chart.filter，虽然它有点棘手，但是一旦你了解后就能体会到它强大的功能。

chart.filter() 是一个将第一个参数作为另一个函数的函数——编写筛选器条件的文本，如果结点或链接可见，则返回 True，否则返回 False。这样就只显示每年航班超过 2800 次的航线：

```
chart.filter(flightFilter, {type: 'link'});          ◁──┐仅筛选链接

function flightFilter(item) {                    ◁────────────┐
return (item.d.numFlights > 2800);   ◁──┐                    图中传递每个链接到项的运行函数
}                                         检查航班航次
                                          属性
```

此函数运行结束时会清理图形，因此隐藏其所有链接的结点都将被隐藏，任何其端点隐藏的链接也将被隐藏。

构建筛选器用户界面

再回到 Abramoff 图，并将与 Gephik 中所做相同的过滤器添加到图中来只显示与那些被指控欺诈相关的所有图形数据，如何在 KeyLines 中构建这些过滤器呢？首先，在页面本

身添加一个复选框。编程将其添加到 HTML 中：

```
<input type=checkbox" id="indicted" value="indictedFilter">Show Only
Indicted<br>
```

接着复选框状态更改（选中或未选中）时，添加以下内容到 JavaScript 中运行：

```
$('#indicted').on('change keyup', function () {
    doFiltering();
});
```

之后，运行 doFiltering 函数，来写内部代码：

```
function doFiltering() {
  chart.filter(indictmentCheck, {type: 'node'}, function() {      ◁──  筛选结点
    chart.layout();
  });
}
```

这将传递每个结点到一个名为 indictmentCheck 的函数，我们还必须编写此函数。如果被指控，返回 True，否则为 False。采用一个称为 indicted 的结点 d 的自定义属性来进行判断。KeyLines 允许在结点或链接上存储尽可能多的你喜欢用的自定义键值对。

```
function indictmentCheck(item) {
    if ($('#indicted').checked){
        return item.d.indicted;
    }
    else                               ◁──  复选框未选中不隐藏
        return true;
}
```

示例中创建的筛选器。如图 8.12 所示选中复合框隐藏未被指控的结点，未选中复合框显示全部结点。

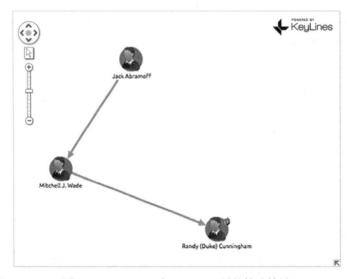

图 8.12　KeyLines 中 Abramoff 图的筛选结果

该筛选方法虽然功能强大但也存在缺点。如有多个过滤器，在 KeyLines 中无法将其堆叠在一起，就像 Gephi 一样；相反，自己必须编写筛选器函数来运行从而确定结点或链接是否应显示或隐藏的每个筛选条件。如有多个不同筛选器一起运行则会变得复杂，因为更改其中任一个筛选器都需要检查其他全部筛选器的条件，以确保通过这个筛选出的项不会显示在另一个筛选结果里。

筛选虽有用但实际上它只是在图形中显示或隐藏某些项——这不是一个改变世界的技术。接下来将讨论结点和链接组合或分组，以另一种方式呈现比尝试绘制屏幕上每个数据端点时更多的数据。

8.2　分组和组合

通常，数据库中的数据元素与屏幕上的结点和链接的一对一对应关系并不是可视化图形数据集最有用的方式。很多数据涉及结点间的链接不仅仅是个体间的链接，有时两个结点间存在很多链接。绘制这些只会掩盖数据真相。如图 8.13 的示例中两电话间的文本消息交流产生了七个链接。

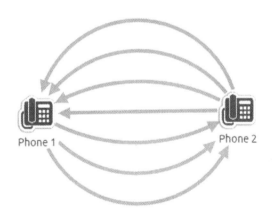

图 8.13　这两号码彼此通话很多，每个通话都用一个链接表示

这里真正有用的是将结点分组在一起，并在图上用单个结点表示其所在的整个数据组。有时希望在图上用多个人代表家庭或用子网卷起 IP 地址来查看扩展情况。这时要求放大数据或摘要视图而不是细致入微的细节。本节你将学习为什么要分组以及如何在 Gephi 和 KeyLines 中创建显示实体组之间关系的图。

8.2.1　何谓分组

我们回到本章前面所查看的电子邮件数据。为减少显示数据量和便于只查看两个部门，图 8.1 和 8.2 的筛选结果如图 8.14 所示。但是，如果我们对部门本身如何交流感兴趣而不是部门个体，那又该如何创建一个图？

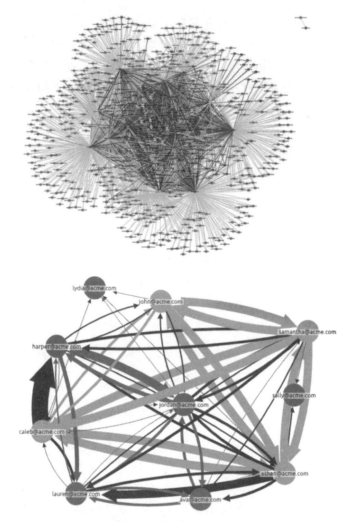

图 8.14　希望使用分组来查看部门之间的沟通方式

答案就是 Gephi 所谓的分组和 KeyLines 所谓的组合。这个概念涉及共享共同属性的结点组，比如同部门成员以及整个组仅在图上绘制单结点。链接被重绘，使得组中成员的全部链接都由新结点来表示，并在图中重新绘制这个新结点。电子邮件示例中，市场部成员的所有电子邮件都只显示为来自市场部结点的电子邮件。如图 8.15 所示这样做不考虑个体细节而有助于查看公司部门的通信模式。

如果对部门之间的沟通感兴趣，我们就不会在图上只显示一个组，结果将会对所有部门进行分组以便了解其沟通方式。图上创建组的数量不受限制，有时创建一个只有一个结点的组很有用，比如 IT 部门只有一位员工，当图中其它结点都显示为组时，我们希望将其显示为 IT 而不是员工本身。现在查看图 8.16 中所有部门的分组图，看看能否得到之前未发现的有用信息。

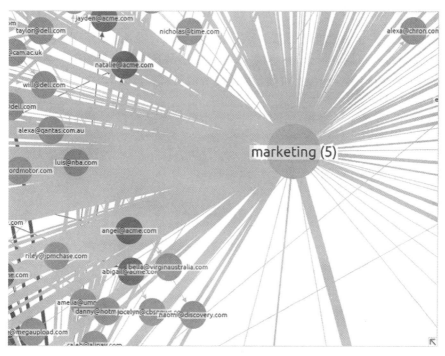

图 8.15　所有市场结点分组成图上的单个结点

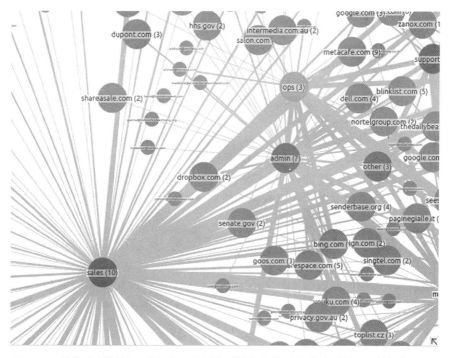

图 8.16　将每个部门员工进行分组以便查看销售部的具体谈论话题而不是销售人员

　　分组不仅仅是一次性过程。图形能互动，因此也能随意分组和取消，挖掘图上某组细节时，可把其余内容作为上下文信息。分组功能很强大，能给用户带来更深入的洞察力。展开销售组并对所有结点进行分组，结果如图 8.17 所示。注意：从图中不难看出个别销售人员及其沟通模式，但不会淹没在可能与期望无关的所有其他数据中。

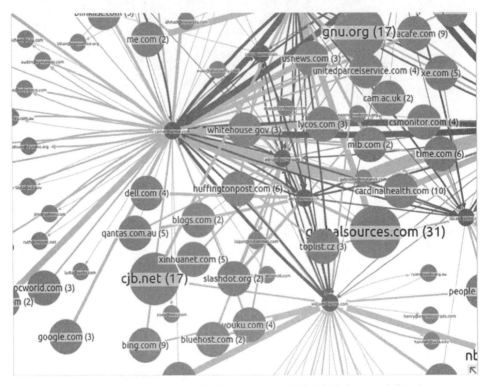

图 8.17　外部域仍然分组，但将销售人员分为单独结点便于查看其细节

　　我们甚至可以对组再分组或进行递归过程。例如计划采用以前电子邮件图并对部门本身进行分组，也许把市场和销售放在商业结点上，然后将 IT 和管理员放在运营结点上。这会得到一个高倍数放大或摘要的视图，但用户仍然能深入研究各个数据元素。但要小心！结点只属于一个组，否则会遇到逻辑问题。结果显而易见。为什么某个员工不能同时属于销售和市场组？销售组展开时会发生什么？你要显示这个员工吗？也许吧，但这个员工也属于市场组，因此他的链接既有个体又有分组。图上同一个结点显示两次会引起很多混乱，所以这里要特别小心。

　　再看另外一个示例，回到第 2 章讨论的恐怖主义数据。在那里我们要查看截获的恐怖分子之间的通信数据，为此将通信数据可视化为一张图，图中每个恐怖分子的居住地用其所在国国旗来表示。该图重绘结果如图 8.18 所示。

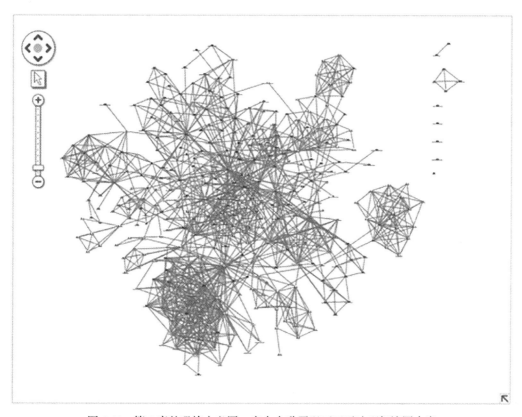

图 8.18　第 2 章的恐怖主义图。实在太乱了以至于无法理解该图内容

　　分组能帮助我们更好地理解这些数据。对每个恐怖分子所在国家进行分组然后用结果结点代表其国家。现在我们就能从恐怖主义网络中获得更多的地缘政治观点。同时调整结点大小便于显示该国恐怖分子数量，此外标注链接宽度以显示该国恐怖分子之间的通信数量。这样就能提供一个不同等级的分析结果。数据不能显示沙特阿拉伯有多少恐怖分子在与马来西亚的恐怖分子进行沟通。但在分组级上很明显能看到这些信息。分组结果如图 8.19 所示。

　　这里也用到递归——想让这些国家能按区域进行分组来获得数据的摘要视图。当然还可以进一步对数据进行挖掘。如果最终用户是一个专注于某个指定国家的分析师，那么可展开该组便于查看该国的恐怖分子成员，而其余部分原封不动地保留，如图 8.20 中的土耳其。

　　尽管使用查询在数据库中进行分组不切实际，但 Gephi 和 KeyLines 都在其可视化中提供了分组功能。让我们看看如何在 Gephi 和 KeyLines 可视化中实现分组。

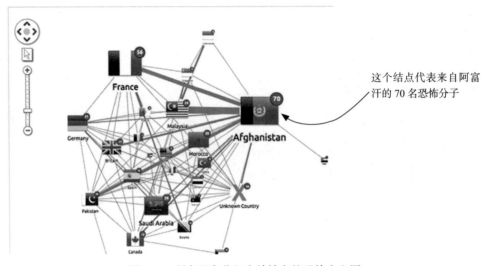

图 8.19 所有国家分组为单结点的恐怖主义图

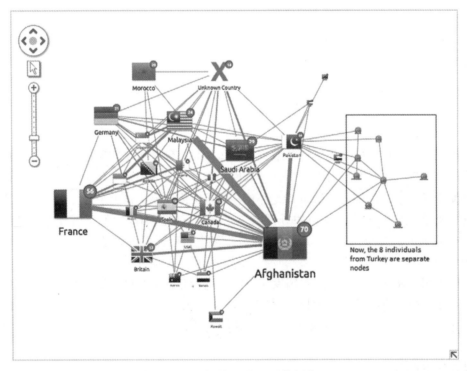

图 8.20 单独提取的土耳其细节

8.2.2 Gephi 分组

警告！最新版 Gephi .08X beta 已包含分组功能，但本章刚动笔时正式最新发行版 0.9

并不包含分组功能。这很让人失望，本节其余内容未做修改期待再版时补充。

在 Gephi 中很容易就能从概览窗口和 data laboratory 完成分组。通过使用窗口左侧的选取框选择工具并将其拖动到多个不同的结点上，从而在概览窗口中选择多个结点。然后右键单击任何位置，便显示一个上下文菜单，并具有对这些结点进行分组的选项。Gephi 执行删除所选结点的所有工作，将其替换为整个组的结点并重新路由到新目标的链接。Gephi 效果很好但想在运行时于概览窗口观察选择哪些结点存在难度，此外也不能在屏幕不同部分选择多个结点（这里单击 Shift 键无效）。参见图 8.21 中的示例。

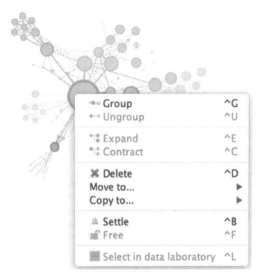

图 8.21 选择结点并从上下文菜单中点击分组选项来实现 Gephi 中的分组功能

这就是我为什么认为在 data laboratory 中使用分组更容易的原因。data laboratory 中结点以表格形式显示，多行选择效率高，因此你能通过单击选择多行然后单击右键将其分组。结果该组本身就作为一个结点显示在列表中。这里也能用递归，你能选择该结点与其他结点来创建的分组。单击右键取消分组或继续向下分组。

8.2.3 KeyLines 分组

KeyLines 中，采用 chart.combo() 命名空间进行分组。其与讨论过的其他功能一样也没有 UI。因此需要让用户自己组合结点：按钮、上下文菜单或认为有用的任何其他控件。chart.combo().combine 获取的对象称为一个组合定义，该对象包括组结点的视觉属性和组成该组结点的 ID 数组。如果通过函数调用来创建多个组，可将组合定义数组传递给组合函数。下面举个例子：

```
chart.combo().combine({ids:['1','2'], label: 'group of two'});
```

这将 ID 为 1 和 2 的两个结点组合在一起。新结点与结点 1 样式相同（尽管能自定义）

并标签为"二组"。

　　组合命名空间中的一些其他重要函数为 `isCombo()`，如果传入结点为 Combo 则返回
True，否则返回 False，而 `uncombine()` 可获得组合结点的 ID 并将其分解成最初形式。

　　扩展 Abramoff 图的功能：选择多项并点击一个按钮创建组合。首先，跟其他示例一样
需要在 HTML 页面中添加几个按钮：

```html
<button id="combine">Combine</button>
<button id="uncombine">Uncombine</button>
```

然后给 JavaScript 中的按钮添加处理程序：

```javascript
$('#combine').click(combineSelected);          ⟵  单击按钮时运行 combineSelected 函数
$('#uncombine').click(uncombineSelected);

function combineSelected(){
  chart.combo().combine({
    ids: chart.selection()
  });
}
function uncombineSelected(){
  chart.combo().uncombine(chart.selection());
}
```

结果如图 8.22 所示。

　　KeyLines 构建应用程序并给用户提供数据筛选时，分组和取消组合功能最有效。这样
一来用户能在最感兴趣级别上查看数据。下一章中我们将让你理解数据如何随时间变换以
及这种情形下如何构建可视化。

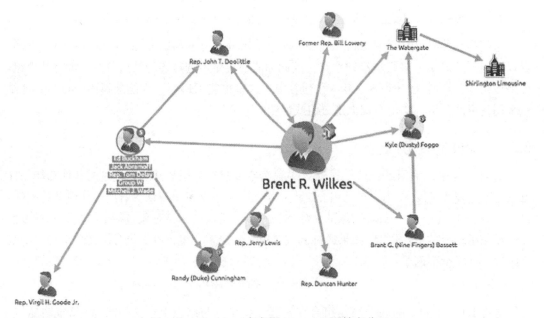

图 8.22　KeyLines 中实现 Abramoff 图结点分组

8.3　小结

本章中学到以下内容：

❑ 除非数据集很小，否则在一个可视化中试图渲染整个内容用处不大。

❑ 强调用户操作在可视化中筛选数据；强调性能在数据库中筛选数据。

❑ 处理超大数据集时在数据库中筛选数据至关重要，因为你不能指望 KeyLines、Gephi 或其他工具将内存中的大量数据保存。

❑ 处理小数据集时利用可视化 UI 筛选数据有助于让用户了解他们感兴趣的数据细节。

❑ 分组能减少杂乱并让用户深入查看数据细节，有助于更深入了解数据。

❑ Gephi 允许在数据实验室选择多行并将其组合在一起。

❑ KeyLines 有包含多个组合函数的组合命名空间。

动态图形：如何随时间显示数据

本章涵盖：

■ 如何显示包含日期 / 时间的数据

■ 如何处理随时间变化的数据

■ 如何处理包含时间的图形

到目前为止，本书的主题之一是尽管静态图形可视化很好，但交互性相对而言更好。为图形可视化增加额外的交互有助于显著增强用户体验度，并且用户能轻松获得图形中所包含数据的有价值信息。某种意义上，这些交互式图形可视化也是动态的，因为用户通过不同布局数据或应用筛选器来控制所查看的内容。这不是本章讨论的重点。这里，我提到的动态图形是随时间变化数据本身正在发生变化的图形，比如金融交易（例如银行账户之间的现金转账）或人口普查信息（例如国家之间的人口迁移模式）。如何随时间显示图形？你需要弄清楚这具体是什么意思，有两种情况时你可能想这样做：

❏ 如何让你的图形随时间变化而变化。（图形中添加什么新数据，以及什么时候添加？）

❏ 具有某种日期 / 时间属性的图形数据的可视化。（如何说明数据中的日期和时间？）

第一个实例中，知道在什么时候和在哪里添加数据很重要。假定你是一个情报分析师，试图证明 2003 年发动伊拉克战争的理由。你需要创建一个有关伊拉克情报的图形并忽略以后发现的所有数据。与每个图形项（结点或边）相关联的日期 / 时间就是将该项添加到图形的时间点，实际上你有一个图形以及添加新数据时表示其演变情况的历史记录。

第二个实例是数据本身有一个日期 / 时间属性。这在结点上尤其链接上更为常见。本书的第 1 章构建了安然公司电子邮件图形，显示谁在跟谁发送电子邮件。当时未注意发送这些电子邮件的时间，但是建模时发送方和接收方间链接的每封电子邮件都应有一个日期 / 时间与其相关联，因为其大多数为通信数据或交易数据。现在让你学习如何可视化日期 / 时间数据。

这两个实例中，我们不仅关心链接什么内容，结点链接图中对其已有足够描述，而且还要知道这些链接何时发生？如何显示才能呈现重要模式？

9.1 图形如何随时间变化

在了解如何可视化具有时间元素的数据前，我们必须考虑从可视化数据中获得了什么。哪些东西能在基于时间的图形可视化中有效显示？总之，我们为什么关注？表 9.1 给出部分示例。

表 9.1 图形的时间变化方式表及其引起这些变化的相关原因

图形变化	相关原因	示例
添加或删除结点	结点只在短时间内与图形相关	绘制 IP 流量时，查看 IP 地址是否有短暂活动然后沉默，对判断该设备已关闭很有用
添加或删除链接	只有两个结点在短时间内有链接，否则无	犯罪网络中两个罪犯以前直接沟通，现在通过中间人
结点或链接的属性更改	其相关属性随时间变化而变化	绘制金融网络图时，银行账户开始交易量很小，但随时间推移交易显著增长，需要更多审查
社区形成或解散	有时群体结点存在紧密链接有时却无链接	绘制社交网络时，社会群体往往同质的，其间有许多链接，但很快就分裂成孤立群体

大多数网络中，时间属性在链接而非结点上，来看几个示例：

❏ 金融网络中，商家和客户之间上市交易时，每笔交易都有一个或多个时间戳（例如，一个人一天内从商家多次购买）。这时，关注的时间为网络链接上的交易时间。有兴趣从商业智能角度挖掘这些交易时间的模式便于了解谁在何时购买了什么商品？图 9.1 给出了一个示例。

❏ 第 2 章探讨的审查诈骗实例中，我们研究亚马逊的商品评价并试图发现有人提交虚假评论的模式，即自家商品虚假正面评价和竞争对手虚假负面评价。该例中，我们在试图发现可疑行为时忽视了时间变量，而时间是一个关键因素。这些评价是在短时间内同时提交，还是数月或数年内提交的？由于审查是审查者和商品之间的链接，所以这些日期和时间将显示为链接上的属性。示例如图 9.2 所示。

❏ 不管采用何种交流方式，通信网络的链接上几乎肯定会有日期 / 时间戳。不管是跟踪电子邮件、短信还是打电话，每一次交流都有特定日期和时间，不仅知道 Sam 向 Holly 发送电子邮件还知道是何时何地发的。9.2.2 节将给出这个示例。

有时只知道结点之间存在链接还不够；有时对链接发生时间进行可视化能获得更好的分析。因为关系用结点之间的链接表示，所以日期 / 时间数据作为链接属性进行显示。

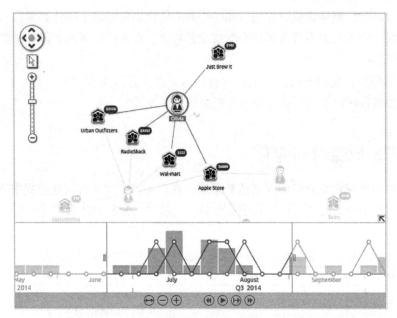

图 9.1 2014 年 7 月和 8 月 Olivia 在这些商家中使用过信用卡。通过查看有争议交易，这些数据对于了解被盗信用卡号传播模式很重要

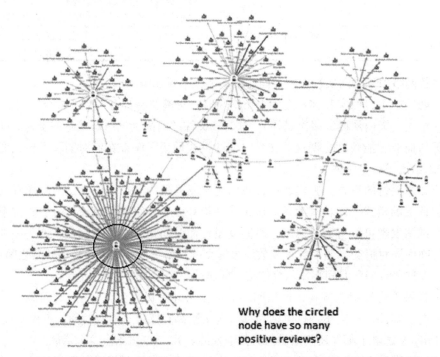

图 9.2 左下角的客户提交了几十条五星评论，无差评。如果这些评价随时间变化，那么可能为正常客户。如果突然出现这么多评价，那么客户更有可能是机器人或者刷评师

现在我们来看看基于时间数据的可视化技术方法。

9.2 可视化如何随时间变化

动态图形可视化有多种方法，图论的整个子领域都致力于研究它。本书选择两种最流行的方法来实现范例。当你想查看某段时间内的图形结构变化，而不一定需要查看个别结点和链接的细节时，并排图标方法很适合。时间轴方法提供时间控制窗口便于用户查看所要内容，不把数据全部显示单页面上，因此需要花费更多功夫。

9.2.1 并排图标——用大量小图显示时间

一种随时间推移显示变化的方法就是显示某个瞬间的完全独立图形。这有助于显示随时间变化而发生的图形结构变化，但为显示大量图形让其必须变得相当小以便适应单页。这也导致难以识别精确的项。

查看图 9.3 所示范例。这一连串的图形表明美国国会在过去几十年里两极分化加剧了，正如从众议院每个议员的投票历史所看到的那样。该图显示了议员共同投票的议案，每个结点代表一位议员，颜色表示他们的党派和结点之间的联系。这个图形最初出现在 2015 年 4 月的《PLOS One》期刊（公共科学图书馆）。注意，图形结构变化很明显；上世纪五六十年代，有许多民主党议员给很多共和党议员投票，但最近几年两党之间的联系几乎消失。可是在图中看不到议员个人信息及其投票过程，这些细节丢失了，因为图形只显示结构变化。这是可行的，作者在这个可视化中试图证明这一点，但如果目标发现议员与同事的投票过程，这种方法就不会奏效。

不难看出，国会议员派别越来越倾向于民主党（蓝色）或共和党（红色）。同时表明重大国家事件会影响议员投票时的派别差异，就像 2001 年民主党和共和党议员在 9·11 袭击后投票通过更严格国家安全措施。

9.2.2 基于时间筛选

KeyLines 和 Gephi 有一个共同特点，即在大多数的单结点链接可视化时支持时间筛选。也就是用户选择一个时间窗筛选为使图形只显示在该时间窗内发生的事件，而不是在个别时间片上显示不同图形。这种方法的缺点在于，不支持一个大图像的单视图显示，也就是不能只使用静态图形查看网络如何随时间变化。可是在互动环境中，这种方法效果很好。

筛选器应用于 Nodobo 数据集的案例

来看一个高中生使用手机的案例。2010 年，苏格兰斯凯莱德大学的研究人员在一所高中开展了手机使用测试，给每个学生发一部谷歌 Nexus 智能手机并允许学生们在上学期间使用，以便研究人员追踪学生在手机上的互动和交流。这项研究目的在于更好地了解青少年与手机的相互影响。研究人员把全部公开资料（适当进行了匿名处理）做成了 Nodobo 数

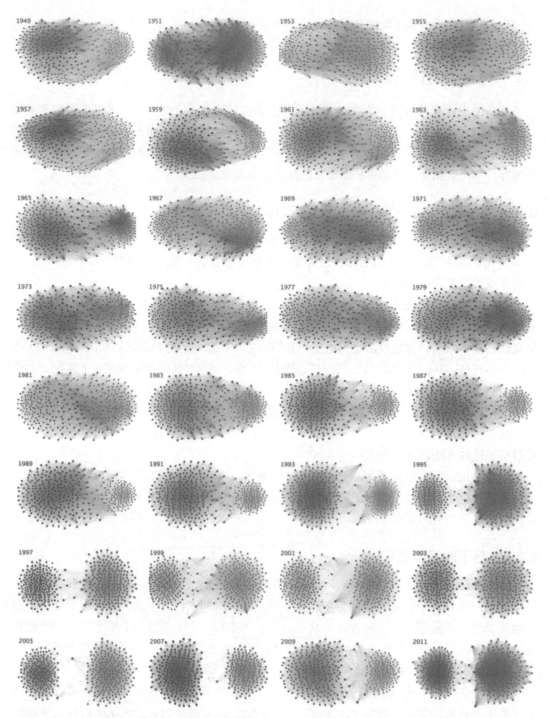

图 9.3 并列图标表明随时间推移不同党派议员间的合作减少了。细看 1993 年和 1995 年国会
议员派别：更多共和党人当选议员，这标志着两党之间的合作几乎结束

据集。由于每个电话或短信都是两部手机之间的交互，为此利用这些数据来创建这些学生的通信图。这个标准结点链路图如图 9.4 所示。

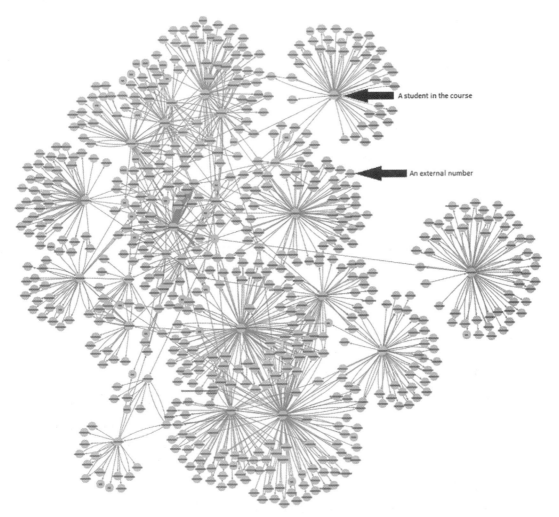

图 9.4 Nodobo 研究中的学生电话图。星形模式的中心结点为学生本身，周围孤立结点为他们所呼叫的电话。当两个星形结构互相链接时就表明两名学生有过相互联系。当然学生拨打的大部分电话并不属于这项研究内容（例如，打电话给比萨饼店或父母）

2010 年到 2011 年的五个月内，研究人员共收集到 13000 个电话和 85000 条短信记录。（由于数据量庞杂，图中只显示小部分内容。一个链接代表两部电话之间的全部联系，可能是成千上万条短信，也可能只是一个电话。这样做有助于图形管理。）

通过观察谁与谁交流来学习某些社会模式。图形中心链接繁多的结点代表跟同学电话和短信最多的学生。图形周边的结点不参与社交交流。图 9.5 展示了更多细节。

图 9.5　图 9.4 中能呈现 Nodobo 数据集的更多细节。研究参与者在每个星形结构中心。链接单向的还是双向取决于是否发送还是接收呼叫和短信（电话号码已匿名化，这就是为什么不是正常号码）

　　此图告诉我们什么时候发生这些链接。这些电话是在周末还是晚上拨打的？总体趋势是上升还是下降？假期的电话联系如何？该图与显示全部电话的图有什么不同？为回答这些问题，需使用图形交互性来研究不同的时间窗。一个常见技术就是使用时间条和筛选器。

　　图 9.6 底部的时间轴为一个简单柱状图。柱状图高度表示该时间窗内的通信频率。开学时出现一个高峰，因为学生们为拥有一部新手机而感到兴奋；十月时出现一个低谷，因为学生们对这部手机已司空见惯；万圣节时期又出现一个高峰，之后保持平稳直到结束。这个信息很有用，但与图形没有特殊关联。当放大和平移时间轴时会得到更好的分析。如图 9.7 所示，放大 9 月的第 2 周，那里有一个活动高峰。

　　除了在柱状图上缩放时间轴和将时间间隔从几周更改为几天之外，还能筛选图形隐藏全部链接（结果中无链接）。本周内能发现有一些孤立子图彼此无联系，这表明学生们正与外部电话号码交流但是交流并不多。上课前，学生们已结识了他们的同学，这是在预料之中的。再放大一下，查看 2010 年 9 月 14 日，这在本研究中是非常活跃的一天。

　　在这个细节上我们能看到一天中每小时的通话频率。图形表明学生之间几乎无交流，就像图被分裂了一样。你也能在时间轴上创建像图形交互（放大或平移）一样的交互性，便于使用这些筛选器并在结点出现和消失时查看图形变化。随着时间推移模式越来越明显，例如学生们更喜欢夜间频繁地打电话给外部号码而不是在白天。

　　你还将注意到图 9.8 中时间轴底部的"播放"按钮。KeyLines 和 Gephi 都有动态时间显示功能和表 9.1 中项的更改功能。结点和链接落在时间窗内时动画显示其出现与消失。

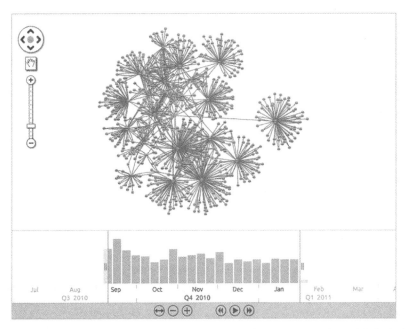

图 9.6 Nodobo 数据的时间轴在底部。柱状图显示 2010 年 9 月至 2011 年 1 月的每个时段的通信相对频率，峰值出现在 9 月初和 10 月底

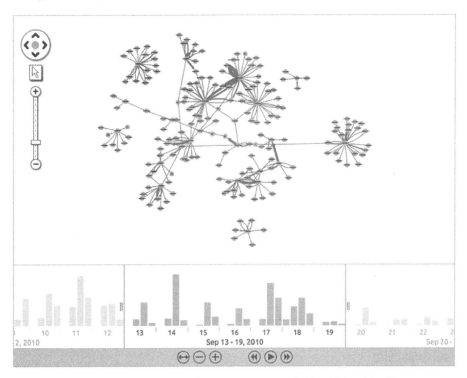

图 9.7 Nodobo 研究图，筛选后仅显示 9 月份第二周发生的通信

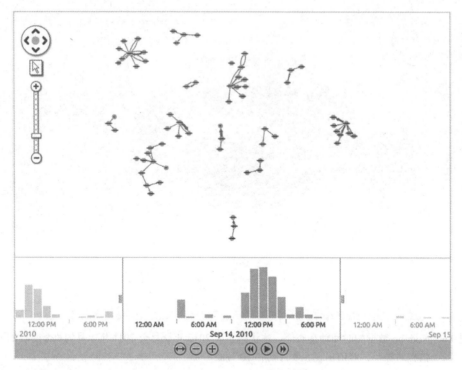

图 9.8　筛选仅显示在 2010 年 9 月 14 日的通信，柱状图时间按小时划分。图形显示几乎所有
　　　　电话都发生在下午，而且这张图明显表明学生之间交流不多

　　基于时间方法对此数据集进行筛选后便可看到学生通信峰值周围的关键事件。通过精确定位具体查看时间，筛选器能显示学生交流活动的模式及其随时间变化的情况。接着查看事件持续时间较长时会发生什么。

> **注意**　将这些通信示例视为一个单一时刻，比如美国东部时间 2015 年 2 月 15 日下午 2:15:00。虽然对于短信来说是对的，但对电话来说，技术上是不对的，因为它们何时开始，持续数分钟，然后挂断。图 9.6 ～ 9.8 中并不能有效说明这一点。KeyLines 的处理结果不理想，它把有日期 / 时间的所有结点视为时间戳或某个时刻。Gephi 的动态模型更完美，因为允许项既有一个开始时间又有结束时间，能显示某个电话什么时候开始，打了多久？接着挂断。时间轴的缩放功能显示所选时间内正呼叫的电话不仅仅是该时间内拨打的电话。这是一个微妙但重要的区别。在 Gephi 的时间模型上启用持续时间，需要在 data laboratory 配置窗口设置时间间隔。9.4 节将介绍这个概念。

9.2.3　动态属性图

　　表 9.1 底部提到动态属性（更改结点或链接上的属性）。这是一个非常特殊的动态图形，

代表与其相关联结点或链接的日期/时间并且其属性随时间变化。设想某人为某图形上的一个结点，他的一个属性是婚姻状况，其值是已婚，但这并不能说明整件事。事实上，此人属性值从出生到 2009 年都是单身并在之后才结婚。让我设计图形表示其婚姻状况（结点颜色或标识符）的话，我会用时间轴显示此人 2009 年之前单身其后才结婚。

这是 Gephi 能进行另一个可视化的区域，KeyLines 却没有。Gephi 中所有日期/时间范围都是属性；结点或链接本身无这样的日期/时间属性。然后，你能用 Gephi 的各种功能来控制图形可视化的显示方式。第 5 章讨论利用分组功能将颜色作为结点和链接的唯一属性值（一种颜色结婚，另一种单身），而布局功能允许你度量结点或链接的大小或颜色的属性值。Gephi 不管这是一个静态还是动态的变量，它都能自动根据所选时间适当调整结点的大小/颜色。Gephi 的时间轴动画显示视觉属性随时间流的变化，所以你能看到该结点在 2009 年之后从单身变成已婚。筛选器的处理方式也一样，按照第 6 章学过的 Gephi 的筛选器使用方法根据所选属性值是否满足筛选条件，显示或隐藏相关项。

KeyLines 和 Gephi 的时间属性

KeyLines 与 Gephi 在处理日期/时间方面有重要区别。

KeyLines 中图形结点和链接有时刻性，用户选择一系列时间来显示该范围内的所有项。结点或链接上有一个或多个日期/时间属性，每个属性有一个值。（例如，指定日期/时间的银行交易有与之相关联的金额值）。时间轴能选择范围而且通常要自定义 KeyLines 才能筛选图形。

为使模型项目属性能随时间变化，Gephi 将一个时间戳，或者开始和停止日期/时间作为结点或链接本身的属性。Gephi 能自定义筛选器来更改结点和链接上属性的大小或颜色。

9.3　实现动态图形

KeyLines 和 Gephi 都提供处理动态图形的方法。Gephi 要比 KeyLines 功能强大很多，但想掌握它有点难度。

9.3.1　Gephi 动态图形

第一步是获得正确的数据模型。最好的方式是理解 Gephi 如何处理动态数据并创建一个随机动态图形，然后查看创建的数据。文件菜单中执行此操作：文件 > 生成 > 动态图示例，Gephi 使用随机数据创建一个图形。如果现在到 data laboratory 检查结果数据，就会发现每个结点都有一个时间戳值，表明该结点何时出现。看起来像这样：

<[2003.0，2006.0，2007.0，2008.0，2009.0]>

这表明该结点只出现在 2003 年、2006 年、2007 年、2008 年和 2009 年，其他年份都隐藏。

动态筛选

现在，时间轴移动时不会自动筛选图形，为此必须使用筛选器。将 Gephi 窗口右侧的时间间隔筛选器拖动到底部的"查询"面板。这就构建了筛选器，如图 9.9 所示，时间轴滚动时只有落在所选范围内的日期 / 时间的结点和链接才可见。

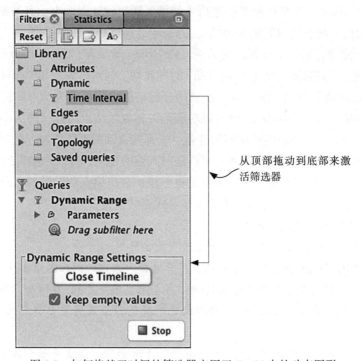

图 9.9 如何将基于时间的筛选器应用于 Gephi 中的动态图形

屏幕底部的时间轴现在允许定义要选择的范围。如图 9.10 所示，允许用户能对时间轴进行大小、拖动和动画处理，以便查看不同时间窗内的图形。

图 9.10 Gephi 的时间轴示例。日期在顶部。按照时间拖动框移动，拖动框边能调整时间窗口的大小。点击左侧的"播放"按钮会动态地显示图形

动态大小和着色

Gephi 的另一个特点是，某项的日期 / 时间属性有与其关联的值，让你不仅能控制此项的显示或隐藏，还能更改结点或链接的大小和颜色。假定一个结点代表一个银行账户，其账户总额随时间而变化。根据代表某个时刻的该账户总额值的结点大小，利用时间轴来观察是增长还是减少，这很有用。为此，存储数据方式略有不同。除时间戳列表外，还需要将相关联的值一起与时间戳列表列出。动态图形示例也表明了这一点，将数据放在一个名为 Score 的表中。依我看来，它看起来像这样：

<[2003.0，4]；[2006.0，1]；[2008.0，2]；[2009.0，1]；[2012.0，1]；[2013.0，4]>

也就是 2003 年该结点的值为 4，2006 年为 1，以此类推。如图 9.11 所示，窗口左上角的外观面板中将该属性分配给结点大小。

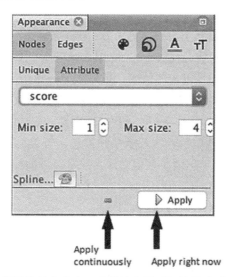

图 9.11 将 score 属性值设置为结点大小，以使结点随时间轴移动时增长或缩小。图形底部中心未标记按钮用于切换动态模式

单击应用将根据现在出现的 score 属性自动缩放结点的大小。或者对话框底部中心的链条图标（为了醒目，图 9.11 中用箭头突出显示）用于切换连续模式，该模式下，它将根据时间轴中显示的值来调整结点大小。试试这个，激活时间轴会发现结点随着它们的值变化而增长和缩小（将最大尺寸更改为 15，差异会更明显）。

动态布局

Gephi 中动态图形的另一个特点是能连续运行布局，也就是随时间推移以及图形的变化，你能使用时间轴的每个刻度来运行新布局。结点和链接出现并消失会让得图形更容易理解。"布局"面板中只有 ForceAtlas、ForceAtlas2 和 Fruchterman-Reingold 布局支持连续模式。选择这些布局就会继续运行，并且由于时间轴更改引起图形发生更改，导致布局对图形重新组织。这很有用，否则，会有大量不同项，由于两者之间的任何东西都被隐藏从而造成混乱，以至用户到处查看却无法观察到它们。我很少使用它，但它适于结点很少的图。

9.3.2 KeyLines 动态图形

KeyLines 处理日期和时间与 Gephi 不同——允许用户滚动时间轴来使动画时间相同的基本思想。但日期／时间是结点或链接的严格属性，不能将其应用于结点或链接的属性。它们仅是时间戳，而不是具有开始和结束时间的持续时间。这将用户限制在只适应于分析即时事件的模式或观察持续时间不重要的情况。回想第 9.3.2 节已婚／单身示例，你会记得

KeyLines 不能显示属性随时间变化。因此，由于婚姻状态是结点属性，所以你不能绘制此信息。

数据模型

KeyLines 的每个结点和链接上有一个称为 dt 的特殊属性，这是定义图形项的 JSON 对象的一部分。因为 KeyLines 是 JavaScript，使用 JavaScript 数据对象指定日期 / 时间，但 epoch 时间（自 1970 年 1 月 1 日以来的秒数）也支持。JavaScript 有一个很好的日期解析器，所以像 "July 3rd, 2015, 3pm GMT" 这样的表达式能被正确解析成 epoch 时间，然后传递给 KeyLines。图形项允许有多个日期 / 时间，这很重要。因为在前面展示的文本消息示例中，该链接代表整个交流，其中包含十几条单独消息，每条消息都有自己的时间戳。类似于 Gephi，每个时间戳都有具体值但是该值必须为数字。该值控制项如何影响柱状图。如果存在，则柱状图的高度是该时间范围内值的总和（例如银行交易中交易金额比交易总数更重要）。包含日期 / 时间的 JSON 对象的示例如下：

```
{
id: 'Corey',
type: 'node',
dt: [1457374912, 1457141521],      ←————— 多个日期 / 时间戳
c: 'blue',
e: 1.5
}
```

结点、边或两者都适用。

建立图形

一旦有自己的 JSON 数据对象就能把数据传递给 KeyLines 来构建图形。KeyLines 中，结点链接图和时间轴是两个单独的 HTML 组件，但能采用相同数据绑定在一起。因此将相同的 JSON 对象传递给 chart.load() 和 timebar.load()。现在有两个具有相同数据的组件，但两者之间没有互操作性。类似于 KeyLines 中将图形事件绑定到 JavaScript 函数的方式，时间轴也一样。因此点击、悬停和更改都是用户与时间轴交互时的触发事件。时间轴范围变化时触发也会变化。需要你做的就是使用结点链接图进行筛选，只显示时间轴选定的时间窗中的项，只需几行代码：

只对时间轴范围内的
项进行筛选

时间轴变化与图形的
筛选器函数绑定

```
timebar.bind('change', function () {
  chart.filter(timebar.inRange, { animate: false, type: 'link' }, function() {
    chart.layout('tweak', { animate: true, time: 1000 });
  });
```

每次更改后运行布局；
修改后的布局略微改变结点位置，而不是重画整个图形。

通过将时间轴与图形解耦，你能选择在用户与时间轴交互时对图形执行其他操作。上一个代码中用 chart.background() 替换 chart.filter()，结果所选范围之外的项为

灰色，而不是完全将其隐藏。你也能用 chart.setProperties 修改指定时间范围内项的视觉样式。对于时间轴更改事件有帮助的另一件事：希望将数据加载到图形，而不是一次性全部加载到图形中。一个策略是用户把时间轴滚动到初始范围之外以重新向数据源发请求来获取新数据并填充图形：

```
function adjustData() {
var range = timebar.range();          ←  timebar.range 设置
var t1 = range.dt1.getTime();            两个端点范围
var t2 = range.dt2.getTime();
                                                        与初始值比较，查看
var needToFetch = t1 < originalFrom || t2 > originalTo;  ←  是否需要获取新数据

if(needToFetch){
fetchData(t1, t2, dataRangeFrom, dataRangeTo);   ←  fetchData 访问数据源的
}                                                       函数，但这里未定义
}
```

图 9.12 给出了一个图形示例。数据来自波士顿 Hubway 系统，用户在城市某个站点租用自行车并于当天晚些时候在另外一个站点归还自行车。

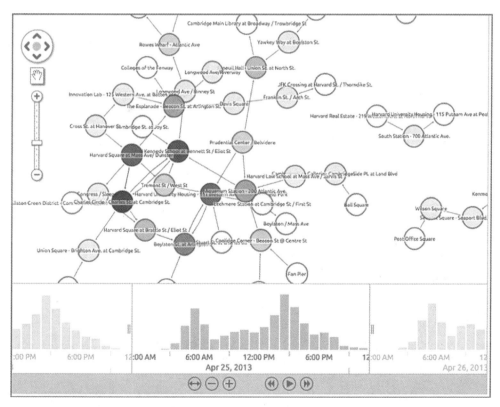

图 9.12 波士顿短期自行车租赁图。深色站点表示高交易和浅色站点表示较低交易。时间轴
显示计划查看的时间窗

将其建模成一个以租赁地点为结点和骑车人为链接的行程图。每次行程时间都显示在时间轴上，如预期的那样分昼夜模式（白天有多次行程，晚上几乎没有）。这时，将时间轴范围与图形的筛选器功能绑定，就只显示选定时间内的行程，而且结点颜色也与选定时间内该站点的开始或终止的租赁数量有关。随着时间轴动作，链接将出现和消失，结点颜色由其繁忙程度决定。

选择

时间轴柱状图无标注值，因此这些柱状图的绝对高度无实际意义。它们仅用于了解相对时间窗中项的频率。选择线也一样，这是在时间轴上显示图形子集的另一种方式。通常，对比小样本数据与全部数据查看是否存在类似模式时很有用。例如，查看某人通信与数据集全部通信的比较结果。为此，时间轴允许通过 KeyLines 调用 *selection object* 来创建一个特定颜色的线形图形。结果如图 9.13 所示。

作为选择对象，绿色线、红色线分别显示只选择出发点为哈佛广场站点和终止点为哈佛广场站点的自行车行程。结果，随着时间推移，我们能了解不同数据子集的模式；某些站点早上租赁的和晚上归还的自行车较多或者相反？选择对象操作容易，它只是你要突显的项的 ID 数组以及一些其他选项：

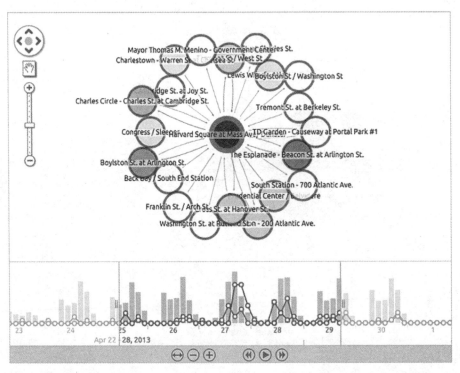

图 9.13　时间轴中的选择线显示来自起始站（绿色）并在该站归还（红色）的自行车交通。这能帮助公司知道应该从某个站点搬运自行车到另一站点来保证某站点租赁时总是有足够的自行车

```
var items = [
  {id: ['id1', 'id2'], index: 0, c: 'green'},          ◁─── 选择线 0 为绿色
  {id: ['id3', 'id4'], index: 1, c: 'red' }            ◁─── 选择线 1 为红色
];
timebar.selection(items);
```

KeyLines 每个图形最多允许有三个选择对象。

Gephi 和 KeyLines 绘制动态数据时各有千秋。Gephi 功能更多，能更精细调整控制时间数据。KeyLines 有生硬的数据模型但易于实现。

9.4 小结

本章中学到以下内容：

❑ 图形数据几乎总在变化。用并排图形或时间轴显示这些变化。

❑ 几乎总给链接添加日期／时间戳作为其属性而不是结点。

❑ 时间轴允许筛选图形，仅显示所选时间窗内发生的数据。

❑ 时间筛选有助于理解数据中的模式。

❑ Gephi 采用动态属性而不是给结点和链接添加时间戳。这样能在不同时间内为不同属性建模。

❑ KeyLines 为结点和链接添加日期／时间属性，允许图形和时间轴有相同数据模型。必须将其链接在一起才能进行数据筛选。

本章中研究了图形数据如何随时间变化，以及如何制作更好的动态图形来回答"何时"问题。下一章将讨论回答"在哪里"的策略。地图上叠加图形很有用，但难度也大。

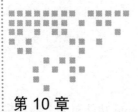

Chapter 10 第 10 章

地图上的图形：图形可视化的位置

本章涵盖：

- 如何显示地理数据
- 地图上显示图形的利弊
- 在 KeyLines 中实现地图和图形

数据可视化是用数据回答问题。例如"这些人怎么联系的？""谁与谁联系？""什么时候联系的？"第 9 章讨论了利用策略来回答什么时候，现在将着力于回答在哪里。日常生活中为弄清楚事情发生在哪里，往往需要用到地图。因此，最简单的答案是将图形放在地图上，其中结点位置对应相应的地理位置，但不是那么简单。最后一章将介绍一些可视化图形数据的应对策略，关于其有一个位置组件。还将说明一些没有很好解决方案的假设的情况。本章结尾你将学会如何显示包含位置的图像数据。

10.1　处理地理数据

几乎所有数据都有地理分量，因为绘制对象信息时，这些对象在某处并有相应的位置。例如一个人住在哪里，在哪里工作，并去过哪里。传统图形不显示这些信息，因为它不是用来表示位置。但是，图形位置有时能揭示重要信息。本节中将讨论地理信息在图形模型中的位置以及地理信息对可视化的影响。

10.1.1　位置数据图形

位置经常会被嵌入到图形数据中，本书中的一些示例里面包含位置信息数据但却被我们忽略。然而，有时可视化位置数据能深入了解数据中的模式。例如，第 2 章的诈骗案例中，查看一个简单的以持卡人和商家之间关系进行建模的信用卡盗窃案例，这时，每个商家（实体店中）都有一个位置，查看信用卡盗窃案是否聚集在某个特定的城市或相邻城市将会非常有趣。对于电商来说，其要派送商品到实际地址，因此也能用位置信息建立模型。通常，如果要寻找集群——多个结点按位置分组在一起，查看图形能一眼便知。

10.1.2　图形中如何对位置建模

还记得第 8 章航线的例子，绘制美国直飞城市及飞行路线？图 10.1 中原来显示全部航空公司，现在只显示美国乘客量最高的 100 条航线。

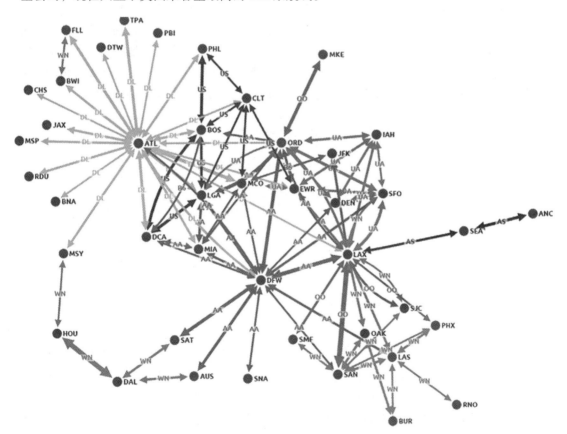

图 10.1　美国 100 条最繁忙的航空公司航线图。注意，力导向布局中结点位置与地理位置无关

你能看到图中圈了三个纽约机场：LaGuardia（LGA）、Newark（EWR）和 JFK。地理位置未知的情况下，看了这张图也不知道这几个机场都在彼此 30 英里以内。但是将位置附加

为结点的属性，示例中每个机场都有空间实际位置。本示例用机场的纬度和经度作为结点属性，结果属性列表如表 10.1 所示。

现在图形数据中每个机场结点都有具体位置坐标，这种坐标对结点之间的映射很有用。

表 10.1　LaGuardia 机场的潜在属性列表

属性	值
结点 ID	LGA
标签	LGA
名称	New York LaGuardia Airport
州	New York
经度	40.777
纬度	−73.872

10.1.3　限制位置表示为结点属性

这时结点属性有位置，而链接没有。虽然技术上可行，比如将 LaGuardia 机场移到纽约的不同地区，但从可视化目的来说，将其作为静态位置更好。该方法适用于大多数数据群，但也有例外情况，比如位置不固定。想象一下，正在跟踪国际航运，想要映射货物、港口和船只之间的关系。港口有静态位置，但船只总在移动，因此其位置取决于分析的日期和时间。数据模型非常简单——每个结点都有多个位置与日期 / 时间绑定——可视化技术难度更大。一个解决方案是像第 9 章看到那样将时间轴绑定到地图上，在指定时间窗内映射船舶位置并在选择时显示其图形，图中能显示 9 月份船舶 9 在港口 A 的情况。但目前市面上没有工具能随时随地更改位置。Gephi 的时间轴示例如图 10.2 所示。

图 10.2　Gephi 时间轴——可视化随时间变化的位置

此外，数据模型可能意味着该位置链接的是属性，而不是结点。设想一下，负责一个运动联赛，你会对一个赛季中哪几支球队将相互比赛的图形感兴趣。结点为球队，比赛是具有日期 / 时间和地点的链接。但该地点不一定是其中某支球队的主场。尽管这个数据模型很不错，但要可视化时请不要使用该模型，因为图上的链接不能表示为地图上的某个结点。图 10.3 给出一个示例。

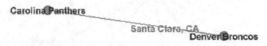

图 10.3　卡罗莱纳的黑豹队与加利福尼亚州丹佛野马队打比赛。没有更好的方法可视化比赛地点

图上的线不能代表地图上的某点。能绘制一条线或一个点作为地图的一个元素但不能同时绘制点和线。在地图上绘制这个图形会有难度，因为两个结点之间已有一条线。地图上，北卡罗来纳州和丹佛之间的线不经过圣克拉拉岛。所以试试使用地图来显示数据。

10.2　地图上叠加图形

大多数包含位置的图形数据都能在地图上绘制。只要结点有静态位置，如前所述，地图上重叠图标实际上又是另外一种布局，但与第 7 章中讨论的布局大不相同。传统布局将结点缩放到最小以减小杂乱性并最大限度提高图形的可读性和可视化。地理布局受限于物体要去哪里，因此必须将其放在地图的实际位置上。虽然地理布局通过将结点显示在实际位置上有助于另一层次的理解，但它让图标更加凌乱。在图 10.1 的基础上叠加了如图 10.4 所示的结点。

　　有时杂乱数据也有用，有传统导向布局的传统图形可视化将永远不会揭示出几乎完全集中在东海岸、德克萨斯和加利福尼亚的高密度航线。这种基于地图可视化的另一个好处是长链接意味着什么——表示两城市之间的实际航线长度。利用第 6 章的交互性，特别是缩放和平移，用户能通过其查看感兴趣区域。图 10.5 中仅关注美国东北部，因此能看到更多细节，因为国家地图上数据太紧密导致查看地图时产生一定影响。

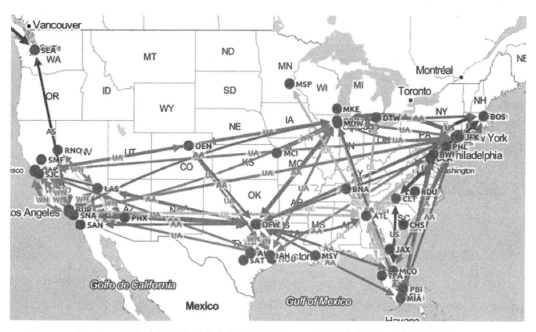

图 10.4　叠加在地图上的航空公司航线图——有的地方很乱，有的地方很空

　　这个细节下能很清晰看到三个纽约机场有很多航线。如前所说，除非你是机场代码 buff，否则只有将三个机场都叠加到地图上你才会发现 LGA、JFK 和 EWR 三个机场都服务于纽约。图 10.5 会使这一点更清楚。

　　这种图形什么时候会有用？这种图形更适合研究乘客进出城市而不是机场流量。假如你在航空公司工作，试图提高判断能力并计划开辟一条新航线，这类信息很重要。美国联邦航空局官员会依照该图来建造一个新机场。但这些链接很紧密不容易说明问题。波士顿有飞往纽约和费城的航班，但去华盛顿特区的一条航线在地图上与这些城市重叠。即使是在这个缩放级上也不好说明。另外地图西面还有个链接，其端点已脱离地图边缘，这对我们来说没有用。地图上的图形实际上只适于非常小的数据集。该图只有100条航线但已显得很繁忙以至得不到有用的分析，所以必须对数据进行筛选便于我们分析。

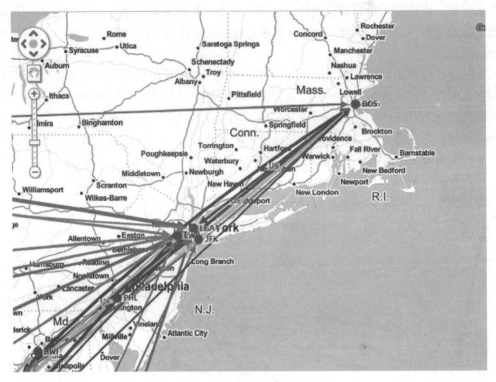

图10.5　图10.4东北部放大结果

10.2.1　筛选数据子集

为此讨论第8章中利用筛选处理大量数据的策略，它们为力导向的图形，其中一些方法很适于地图。看看如何将筛选器应用于大型地理数据图形以让它更容易管理。

首先，回到包含美国每条国内航线的原始大数据集，里边收录大约14 000个城市，地图上因显示数据太多而导致图形无法使用。见图10.6。

毋庸置疑，这里把所有数据一次性显示出来。跟传统可视化筛选一样，地图筛选也只显示结果。筛选后只显示阿拉斯加航空公司的航线，结果如图10.7所示。

筛选后显示了一些有趣结果。阿拉斯加航空在西雅图和波特兰都有枢纽，几乎所有航班都来自其中的一个城市。尽管飞往东海岸，但几乎所有东部航班都从太平洋西北的枢纽起飞。图形并不特别混乱或难以阅读。因此就像力导向图形一样，筛选让用户根据需要在地图上可视化更小数据量来获取有用信息，而不是一次可视化全部数据集。

第8章中还讨论了将结点分组放在一起以便简化可视化。它也应用于地图但并不像筛选那样简单。

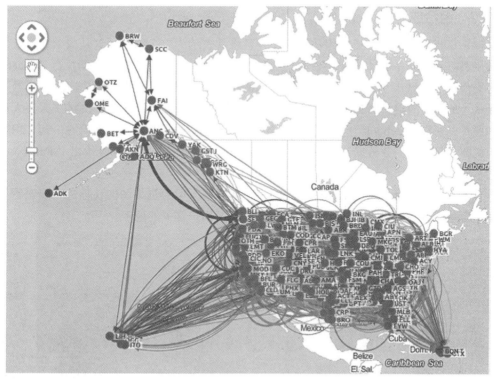

图 10.6　跟预想一样，显示 14 000 个城市对航空公司营运地图来说没有用。只有阿拉斯加的显示比较清楚，航班稀少和大量空地

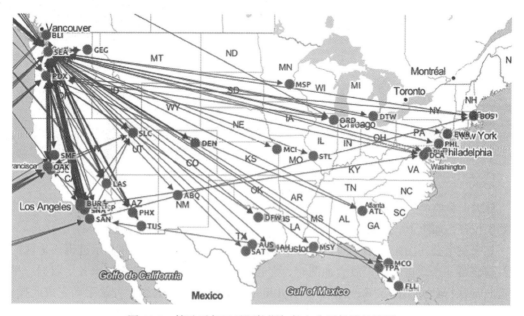

图 10.7　筛选后仅显示阿拉斯加航空公司航线的地图

10.2.2 组合或分组

将共享相同属性的结点分组放在一起并且将其表示为单个结点，这是减少地图杂乱的有效工具。跟图形一样，市场上没有能自动执行的工具。但是我们能手动执行。Facebook已有类似工具：城市小部件生成一个显示你所有活动或照片的地图，其中嵌入了位置并将其显示为地图上的点。因为能从少数地区（例如家附近或其他经常访问的地点）采集大量签到和照片，所以 Facebook 开发了一种聚类算法，自动将彼此相邻的项组合在一起，用表示整组的圆点替换它们并根据该组中项的数量对其进行大小调整。图 10.8 给出了 Facebook 地图的示例。

这不是一个图形，因为数据元素之间无任何联系，但通过该图能让你进一步熟悉如何使用组合功能，甚至在此基础上知道更多 Facebook 用户常去的地点。

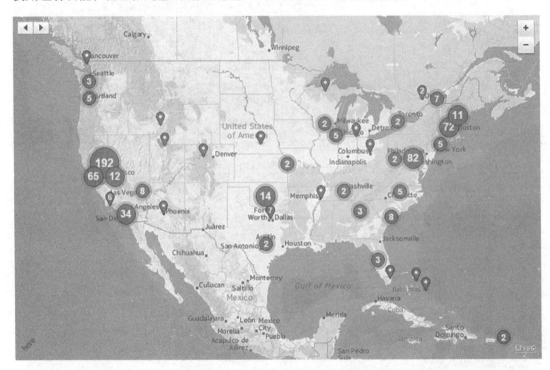

图 10.8　Facebook 事件地图，缩小后能显示整个美国的 Facebook 事件

放大旧金山湾区的地图来显示更多细节，将较大的 65 事件集分成较小部分显示照片或签到的位置，如图 10.9 所示。

如果航空公司图中用一个纽约大都市结点代替三个纽约分机场并显示进出该地区的航班，这将是一个改进。用户放大地图时，它会分解成各个机场而且能显示各个数据。尽管没有自动执行此分组的工具，但能用 KeyLines 或其他工具中的组合方法手动完成此操作。图 10.10 中，将三个旧金山机场合并成一个单一结点，两个洛杉矶机场也被组合。

图 10.9 旧金山周边 Facebook 活动的放大图。相比旧金山和圣荷西周边，奥克兰周边的活动相对较少

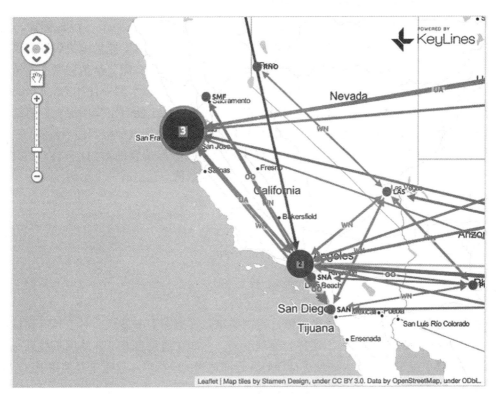

图 10.10 KeyLines 用分组功能将附近结点组合在一起

因为没有工具能自动执行，分组分三个步骤：

1. 检查图形缩放级别以便了解空间中结点的重叠度。

2. 查看每个结点所选半径内是否有其他结点。

3. 创建一组位于半径范围内的结点。

用户更改图形缩放级别时，都需要重新运行此过程。

到目前为止，一直在谈论如何构建包含位置数据的可视化图形。现在学习如何自己构建可视化。

10.3　地图上构建图形

到目前为止，本书已采用两种方法构建可视化：Gephi 提供最终数据便于用户自己挖掘信息和 KeyLines 便于用户自己构建图形的可视化应用程序。遗憾的是，Gephi 无地理数据处理能力，因此这里仅介绍如何在 KeyLines 中构建此功能。你也能用 D3.js 在地图上创建图形，附录中有 D3 示例。

10.3.1　在 KeyLines 对象模型中保存数据

已显示的所有地图（除 Facebook 外）用到了 leaflet.js，这是一个开源地图库，为在 Web 浏览器中显示地图做了大量工作。这样不用担心放大和平移，能为缩放级别提供正确细节水平并支持鼠标和手势。Leaflet 库本身不提供地图图像块；需要从地图服务器按需下载。有大量商业软件和免费地图图像块服务器可供使用。前面示例中使用 OpenStreetMap 免费地图，但包括很多选项，如显示卫星图像、夜间视图甚至能自定义图层。它将结点图标和链接分别以点和线进行叠放以确保用户平移并放大地图时能被捕捉到适当位置。

KeyLines 中 JSON 数据模型有一个允许为每个结点分配位置的对象：pos 为属性名，本身有两个属性 lat 和 lng 分别代表纬度数值和经度数值。这里有一个示例：

```
{
  id: 'node1', t: 'label', type: 'node', u: 'person.png', x: 100, y: 150,
  pos: {
    lat: 52.2022,
    lng: 0.1282                    ◁——— 范围必须为 -90 ～ 90
  }
}                                  范围必须为 -180 ～ 180
```

必须为地图上每个结点设置坐标值，否则该结点在地图上不显示。对于具有地址而不是坐标的数据集需要转换地址，这称为地理编码。你能在质量参差不齐的网页找到一些免费地理编码器，它们会将输入地址进行译码并返回适当的坐标值。这里推荐使用 Bing Maps 地理编码器，该地理编码器译码速度快，每月能免费使用 10 000 个地理编码，还有 REST 和 SOAP API。

要把 Leaflet 集成到 KeyLines 中，所以在托管 KeyLines 的 HTML 文件中必须建立一个 leaflet.js 引用。代码如下：

```
<!DOCTYPE html>
<html>
  <head>
    <link rel='stylesheet' type='text/css' href='css/keylines.css'/>
    <link rel='stylesheet' type='text/css' href='css/leaflet.css'/>
    <script type="text/javascript" src="js/keylines.js"></script>
    <script type="text/javascript" src="js/leaflet.js"></script>

  </head>
```

接着，在 `javascript` 容器中写几行代码。首先告诉 KeyLines 地图图像块来自哪里，在 `chart.map().options` call 中调用 URL。Leaflet API 文档（http://leafletjs.com/reference.html # tilelayer-options）会有详细使用说明：

```
chart.map().options({
  tiles: {
  url: 'http://example.com/path/{z}/{x}/{y}.png',
  attribution: 'Attribution text',
    minZoom: 4,
    maxZoom: 12
  }
});
```

然后，在 `chart.map().show` 和 `chart.map().hide` 函数之间切换查看地图上的 KeyLines 项。允许同一视图中以地图模式和传统模式查看数据。

地图模式下能使用第 5 章和第 6 章中详细介绍的大多数 KeyLines 功能，如筛选、动画属性（非位置）、向图形添加新数据，API 也一样。运行布局将不起作用，同样尝试更改 x 和 y 属性或创建组合。

10.3.2　构建 Hubway 数据示例

看几个示例。第 9 章中使用了波士顿 Hubway 软件的数据，从波士顿和剑桥城市的各个报亭出租自行车。图 10.11 中使用图 9.12 的数据创建了一个图形。原数据在 http://hubwaydatachallenge.org/。

示例中，结点代表街角，即 Hubway 软件中出租或归还自行车的信息亭。如果管理该项目，重要的是不仅了解何时出租自行车还要知道正在行程地点，所以查看地理位置也很重要。看看如何在 Keylines 中实现此功能。首先，在数据源中找到地理数据。幸运的是，Hubway 数据已用纬度和经度编码进行表示，所以只需在 JSON 中译码就行了：

```
{
id: 'B32006',
type: 'node',                          ┐结点标签文本
t: 'Colleges of the Fenway',    ◁─────┘
c: 'rgb(0,128,173)'
```

```
pos: {
    lat: 42.340021
    lng: -71.100812
    }
}
```
位置对象

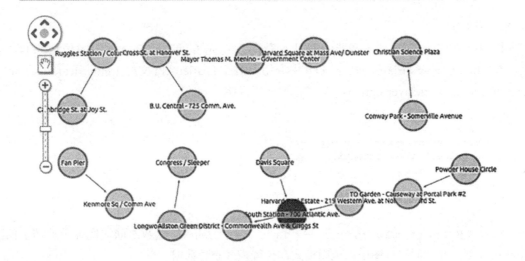

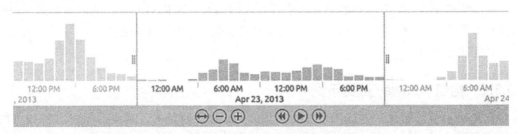

图 10.11　使用与图 9.12 相同数据的构建图形，显示波士顿各个站点租用和归还的自行车

接着编码告诉 KeyLines 使用哪个地图图像块：

```
chart.map().options({
  tiles: {
  {
  id: 'tiles-cartodb-positron',
  name: 'CartoDB Positron',
  url: 'https://cartodb-basemaps-    {s}.global.ssl.fastly.net/light_all/{z}/
    {x}/{y}.png',
  attribution: 'CartoDB-Positron Map Tiles'
  }
}
});
```
地图中用到的 CartoDB 地图图像块的 URL

告诉 KeyLines 和 leaflet.js 构成地图背景的图像块在哪里下载。然后绑定两个按钮便于用户在地图和网络模式之间切换。首先，将按钮添加到 HTML 中：

```
<input type="button" value="Map Mode" id="mapOn">
<input type="button" value="Network Mode" id="mapOff">
```

一旦页面上的按钮设置完，就能在 JavaScript 使用按钮点击要更改的模式：

```
$('#mapOn').click(function() {
  chart.map().show();
});
$('#mapOff').click(function() {
  chart.map().hide();
});
```

现在，点击页面上的"地图模式"按钮就能切换到以选择的图像块为背景的地图，接着运行布局将其位置固定到这些站的实际位置上。结果如图 10.12 所示。

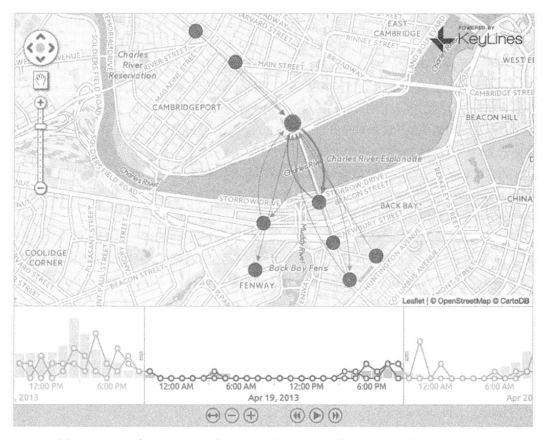

图 10.12　2013 年 4 月 19 日，麻省理工学院站点（河北侧）的租赁网络叠加在地图上

比方说我们有责任重新平衡自行车——确保不要从一个站点取走太多并归还到另一个站点，导致这个站点车辆很少而另一个站点车辆非常多。这时用一辆面包车从车辆多的站点搬运自行车到车辆较少的站点。为有效规划这条路线，我们需要知道自行车的出租时间和站点位置来避免面包车空跑。这时使用叠加在地图上的图形会非常方便。

10.4　小结

本章中学习以下内容：

❑ 可视化位置的主要原因之一是为了查看哪些结点实际中彼此靠近。

❑ 有许多不同的地理数据建模方法，但已有工具只支持结点的静态位置。

❑ 地图上叠加图形会减弱运行布局排列图形的能力，使用要谨慎。

❑ 除了最小的图形外，很难在地图上看到链接的起点和终点。

❑ 处理地理数据时筛选较小的数据集至关重要。

❑ Gephi 不支持此功能，KeyLines 需与 Leaflet 集成但是功能有限。

❑ KeyLines 数据存储在 JSON 对象的 `data` 对象下的 `pos` 对象中。

❑ KeyLines 中，`chart.map().hide()` 和 `chart.map().show()` 用来切换地图模式。

本书主要内容到此结束。我们探讨了图形可视化原则，并基于这些原则利用 Gephi 和 KeyLines 构建可视化。如果你想了解更多关于 Gephi 的信息，https://gephi.org/users/ 有一个很好的教程。本书中未详细介绍 Gephi API，旨在更多关注用户界面，但如果你是一名自定义 Gephi 或构建其他功能的软件开发人员，https://gephi.org/developers/ 有很多 Gephi API 方面的文档，非常适合学习 Gephi API。

KeyLines 不是一个开源软件，其社区环境也较少，但是，开发 KeyLines 的公司 Cambridge Intelligence 在 YouTube 频道上提供大量辅助学习内容，网址为：https://www.youtube.com/user/ cambridgeintel。

附录中使用另一个工具 D3.js（一个很好的数据可视化库）构建一些图形可视化示例。D3 功能强大，有专门书籍对其详细介绍。我这里也是略写皮毛，除图形之外，如想更深入地学习 D3，这里推荐以利亚·米克斯编著的《D3.js 实践》（Manning，2015）：www.manning.com/books/ d3-js-in-action。

D3.js 教程

附录 A 涵盖：

■ 简要教程，D3.js 是数据可视化的主要开源 JavaScript 库之一

■ 库的图形可视化能力

■ 使用 D3.js 创建简单的图像可视化应用程序

D3 全称是 Data-Driven Documents，顾名思义就是数据驱动文档，一种在浏览器上非常受欢迎的数据可视化方法。2011 年迈克·博斯托克设计并用可视化数据层分隔其本身，为让程序员在相同 HTML 中使用相同数据实现多个可视化并促进其交互。并不是说 D3 能减少所需数据库——只保持所要数据显示在页面上并考虑浏览器中实现这些数据需要多少内存和带宽。D3.js 有强大且出色的可视化功能，已在不同行业中有数以百计的 Web 应用程序上。参考示例请参见：http://www.d3js.org。

A.1   D3.js 简介

D3.js 是一个涉及内容远超图形可视化的 JavaScript 库。http://www.d3js.org 的示例给出了数以百计的数据交互方式。为什么不将 D3 作为这本书的主要工具？原因有下：首先，D3 的库非常大而本书侧重内容广度。（推荐 Manning 2015 年出版并由以利亚·米克斯编著的《D3.js 实践》）。运行本书中介绍的高级技术需要学习 D3，这与本书目的相背离。另外读者面向开发人员和非开发人员。其次，D3 也是一个底层库。例如，创建一个条形图不像 Excel 中那么简单——定义轴、标签、颜色以及指向图形的数据。相反，必须利用编写指定代码绘制单个矩形代表条形图、定义比例和布局。查看条形图的方式虽灵活但需要编写大量代码。尽管如此，D3仍非常适于创建图形可视化而且还有处理图形数据的内在能力。附录教你如何用D3创建图形可视化并给出一个简短教程和部分示例数据。

A.1.1　选择器

使用选择器是D3的基本特性。D3可视化前必须在DOM（文档对象模型）选择各种元素并对其修改。选择是一个能匹配成批编辑定义模式的DOM元素列表。这些通常为传统的DOM元素，如文本段落或DIV元素：

```
selection = d3.selectAll("div.dog");
```

使用dog.类在页面上选择所有DIV元素。现在使用本教程给出的大量内置函数来选择对象。使用d3.select只返回第一个相匹配标准，相对而言selectAll更有用。

A.1.2　数据格式

D3能接收许多不同格式的数据：JSON、CSV、HTML、XML或文本。不管原来数据源如何，通常都有方法来获取这些格式的数据并将其传到浏览器。第4章介绍了如何将数据传递到结点和链接。对于图形，CSV或JSON意义更大，因为其能用类似于KeyLines的方法将要显示属性的结点和边封装成列表。一个重要区别在于：为保证图形正确，KeyLines发布数据的JSON格式中的数据结点大小、颜色以及边宽度必须设置属性，D3允许在HTML的CSS中设置视觉属性。通常HTML与JavaScript文件中都能设置。使用d3.json或d3.csv函数将数据加载到可视化中。A.2节能看到具体示例。

A.1.3　SVG图形

网页中使用SVG（可伸缩向量图性）绘制图形为D3的关键特性之一。尽管有HTML5画布模式和WebGL模式，但是它们不能轻易构建图形。SVG相比HTML5画布或WebGL性能稍差，但能在图上查看多达几百个节点的平滑动画。你能用A.1.1节中介绍的选择器来获取包含要可视化的DOM元素的选择器，然后使用d3.append函数将其更改为用到有设置大小属性的svg标签：

```
var svg = d3.select("body").append("svg")
    .attr("width", 800)
    .attr("height", 800);
```

这将使用body标签并添加一个方形SVG标签，高度和宽度属性设置为800像素，当然还没有可视化，需要添加一个图形：

```
var circleElement = d3.select("svg").append("circle")
    .attr("r", 20)
    .attr("cx", 100)
```

```
    .attr("cy", 100)
    .style("fill", "red");
```

在 SVG 画布左上角 100 像素的位置创建一个半径 10 像素的红色圆，如 A.1 所示。

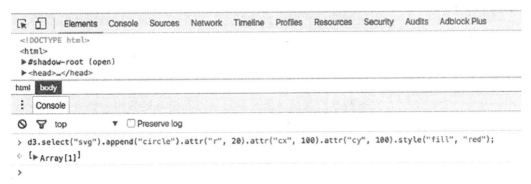

图 A.1　利用 Chrome 控制台在 SVG 画布中绘制一个红色圆

A.1.4　交互性

为图形可视化增加交互性，这是 D3 的另一个非常重要的功能。例如捕获鼠标点击、悬停、拖拽以及绑定行为到用户操作。由于绘制元素是 HTML DOM 元素，典型的 HTML 都支持鼠标事件：点击、鼠标悬停、鼠标移开等。这些功能在选择器对象中的 .on() 实现。鼠标悬停在图形上时改变其颜色的代码如下：

```
var circleElement.on("mouseover", changeColor);        鼠标悬停在图形上时运
                                                        行 changeColor 函数
circleElement.on("mouseout", changeColorBack);
function changeColor(d) {                               鼠标指针离开图形时将颜色改回
    circleElement.style("fill", "blue");
}
function changeColorBack(d) {                           d 变量表示绑定到圆元素的数据。如果想要检查
    circleElement.style("fill", "red");                数据以确定如何改变项时很有用，这里未用
}
```

这段代码能立即更改圆的颜色，第 5 章中常被用于动画更改可视化，因此能使用 transition() 函数：

```
function changeColor(d) {
    circleElement.transition().duration(500).attr("r", 50);
}
```

在半秒（500 毫秒）内将圆的半径增到 50 像素。

A.1.5 D3 图形

D3 有很多表示结点和链接的方法，本书大部分内容介绍结点链接图。D3 中，可视化图形没有什么特别，它只是表示结点和链接的原始绘图元素的集合。链接几乎都是 SVG 线，但是结点可以为圆、矩形或图像。虽然上述代码比较简洁，但是结点图形很重要会在第 5 章提到。

利用数据构建一个结点链接图，其中圆表示结点，每个结点间的连线表示其联系，这样做的话工作量会非常大。必须手动用 CX 和 CY 属性设置结点位置。事实上该方法并不比手动绘制圆强多少。好在 d3.forceSimulation() 提供图形绘制功能。该函数能实现第 7 章提到的力导向布局——自动定位结点，让图形更易读并将链接良好的结点放置在图中心。首先，需要给出布局的数据，这是一个想显示结点和链接的数组，类似于 KeyLines 来接收数据。forceSimulation 对象需要将两个数组传递给 forceSimulation.nodes([array]) 和 forceSimulation.links([array])。除少量保留属性外，nodes 数组能保存全部有用属性（设置大小、颜色以及图标图形等）。

- ❏ index—唯一定义结点
- ❏ x—当前结点位置的 x 坐标位置
- ❏ y—当前结点位置的 y 坐标位置
- ❏ vx—结点在 x 方向的速度
- ❏ vy—结点在 y 方向的速度
- ❏ fx—确定结点是否锁定在指定 x 轴上的位置
- ❏ fy—确定结点是否锁定在指定 y 轴上的位置
- ❏ weight—结点权重；相关链接数量

D3 的第 4 版中跟 KeyLines 一样也是唯一 ID 属性，如果一个对象在列表中出现两次，那么会出现两个重复的可视化结点。创建结点列表前必须删除重复数据。

传递给链接的数组需指定链接起始点的属性（两个端点）。起始点位置的数组下标从 0 开始，因此 {"source":1,"target":0,} 表示结点数组中从第 2 项到第 1 项的链接。你也能设置 source 和 target 属性为结点的 ID 字符串而不是索引。

利用力导向布局（每个结点上自定义力度）——D3 的第 3 版的新功能，允许编辑变量而不是自定义力函数。就我目前所见几乎未发现偏离缺省值会有用，但也可以试试：

```
d3.forceSimulation.force("charge", d3.forceManyBody())
```

类似于重力图 forceManyBody 函数允许自定义结点之间的拉力。数字越大代表结点相互联系越强，负数代表结点相互远离。

```
.force("center"), d3.forceCenter())
```

表示结点被拉向图中心，默认为 (0,0)，当然也能设置不同中心。

```
.force("link", d3.forceLink())
```

D3 的最新版为第 4 版，其能单独对每个链接进行自定义，而不是为给链接设置一个全局吸引力。也就是能传递一个链接 ID 数组并为每个链接设置不同的吸引力。

自动启动并连续运行布局直到调用 `simulation.stop`。"点击"事件允许改变力导向布局的每个迭代。

这部分内容需多理解多思考，下节中将使用 D3 和每段注释过代码创建一个结点链接图。

A.2 用 D3.js 构建图形

前面学习过如何使用 D3 和力导向布局功能创建元素的基本知识。下面学习如何构建一个可视化示例。对比第 5 ～ 7 章中的 Abramoff 图，你能清楚知道 D3 与 Gephi 或 KeyLines 在处理数据和设计方面的区别。我们从 HTML 建立图形开始。如你所见，使用 D3 和 JavaScript 来创建可视化。示例只有图而没有额外 HTML 代码，但你肯定希望在网页上实现更多功能：

```html
<!DOCTYPE html>
<meta charset="utf-8">
<style>

.node {
  stroke: #fff;
  stroke-width: 1px;
}

.link {
  stroke: #fff;
}

</style>
<body>
<script src="//d3js.org/d3.v4.min.js"></script>
<script src="d3jsExample.js"></script>
```

CSS 语法中定义了结点和链接的视觉属性，还有颜色和宽度。现在将其捆绑到 HTML 中，但在实际应用程序中需要一个单独的 CSS 文件

引用 d3js 中最简化的 D3 库

这里引用一个单独的 JavaScript 文件称为 d3jsExample.js 将我们的集代码表添加到页面：

创建D3力对象并设置大小和布局属性

```javascript
var simulation = d3.forceSimulation()
    .force("link", d3.forceLink().id(function(d) { return d.index; }))
    .force("charge", d3.forceManyBody())
    .force("center", d3.forceCenter(width / 2, height / 2));

var svg = d3.select("body").append("svg")
    .attr("width", 800)
    .attr("height", 800);

d3.json("abramoffChart.json", function(error, graph) {

    simulation
        .nodes(graph.nodes)
        .links(graph.links)
        .start();
```

添加这些对象到 SVG 画布

以单独 JSON 文件加载 Abramoff 图数据

在 JSON 数组中设置结点和链接的属性

将 JSON 中的
链接对象的属
性设置为 D3
中的数据属
性，便于稍后
使用

```
var link = svg.selectAll(".link")
    .data(graph.links)
    .enter().append("line")
    .attr("class", "link")
    .style("stroke-width", function(d) { return
    Math.Pow(d.value, 0.25); });

var node = svg.selectAll(".node")
    .data(graph.nodes)
    .enter().append("circle")
    .attr("class", "node")
    .attr("r", 10)
    .style("fill", function(d)
        { if (d.guilty) {
          return "red";}
        if (d.indicted) {
          return "orange";}
        return "yellow"; })
    .call(d3.drag()
        .on("start", dragstarted)
        .on("drag", dragged)
        .on("end", dragended));

node.append("title")
    .text(function(d) { return d.name; });

simulation
    .nodes(graph.nodes)
    .on("tick", ticked);

    simulation.force("link")
        .links(graph.links);

function ticked() {
    link.attr("x1", function(d) { return d.source.x; })
        .attr("y1", function(d) { return d.source.y; })
        .attr("x2", function(d) { return d.target.x; })
        .attr("y2", function(d) { return d.target.y; });

    node.attr("cx", function(d) { return d.x; })
        .attr("cy", function(d) { return d.y; });
    });
});

function dragstarted(d) {

  d.fx = d.x;
  d.fy = d.y;
}

function dragged(d) {
  d.fx = d3.event.x;
  d.fy = d3.event.y;
}

function dragended(d) {

  d.fx = null;
  d.fy = null;
}
```

在数据中的每个
链接间绘制线

将链接宽度设置为美元
千分位便于适当缩放

结点同样的操作

是否起诉或犯罪
属性在我们的数
据中填充颜色

允许用户使用
鼠标拖动结点

将 title 属性设置为
数据中的结点名称

每次点击力导向布局的功能

点击功能
将结点移
动到力所
决定的位
置

将链接宽度
设置为美元
千分位便于
适当缩放

用户拖动结点时移动结点

一旦模拟函数被调用，布局就持续运行并且调用函数绑定点击操作。前面代码中加载了 abramoffChart.json，JSON 包含所用数据。下面表明它有 2 个数组，一个为结点另一个为链接。

```json
{
  "nodes":[
    {"name":"Brent R. Wilkes","indicted":false, "guilty":false},
    {"name":"Ed Buckham","indicted":false, "guilty": false},
    {"name":"Jack Abramoff","indicted":true, "guilty": true},
    {"name":"Rep. Tom Delay","indicted":true, "guilty": false},
    {"name":"Rep. Duncan Hunter","indicted":false, "guilty": false},
    {"name":"Rep. John T. Doolittle","indicted":false, "guilty": false},
    {"name":"Former Rep. Bill Lowery","indicted":false, "guilty": false},
    {"name":"Rep. Jerry Lewis","indicted":false, "guilty": false},
    {"name":"Mitchell J. Wade","indicted":true, "guilty": true},
    {"name":"Randy Duke Cunningham","indicted":true, "guilty":true},
    {"name":"Rep. Virgil H. Goode Jr","indicted":false, "guilty":false},
    {"name":"Brant G. (Nine Fingers) Bassett","indicted":false,
     "guilty":false},
    {"name":"Kyle Dusty Goggo","indicted":false, "guilty":false},
    {"name":"Shirlington Limousine","indicted":false, "guilty":false}
      ],
  "links":[
    {"source":0,"target":1,"value":1},
    {"source":0,"target":3,"value":1},
    {"source":0,"target":4,"value":18200},
    {"source":0,"target":5,"value":85000},
    {"source":0,"target":6,"value":160000},
    {"source":0,"target":7,"value":60000},
    {"source":0,"target":8,"value":1},
    {"source":0,"target":9,"value":1},
    {"source":0,"target":11,"value":5000},
    {"source":0,"target":12,"value":1},
    {"source":0,"target":13,"value":1},
    {"source":1,"target":2,"value":1},
    {"source":1,"target":3,"value":1},
    {"source":2,"target":5,"value":1},
    {"source":11,"target":12,"value":1},
    {"source":12,"target":13,"value":1},
    {"source":8,"target":9,"value":1000000},
    {"source":10,"target":8,"value":1},
    ]
}
```

结点列表有个人姓名属性，不管是否被起诉还是被认定有罪。你能选择使用哪一种属性，因为 JavaScript 会处理将其转换为视觉属性。这时，使用此人是否被起诉或被认定有罪来控制结点颜色。链接数组上除 source 和 target 的属性外，还应包括一个他们之间美元贿选数的 value 属性。无现金贿选时，该值设置为 1，结果如图 A.2 所示。

设置结点的 title 属性后，D3 将自动在鼠标悬停位置上创建一个信息提示便于显示此人名字。但这时它是一个小图，可我们希望能看到图标签。为此对 JavaScript 做一个小修改就能实现该功能。而不必直接在画布上创建圆形节点，我们需要创建分组节点并给每组添加标签和圆：

图 A.2 第 6 ～ 7 章用到的 Abramoff 图的简单 D3 链接图。注意链接宽度与贿选金额绑定，结点颜色与 indicted 和 guilty 属性绑定

```
var gnodes = svg.selectAll('g.gnode')        ◁─── gnode 现为分组结点
    .data(graph.nodes)
    .enter()
    .append('g')
    .classed('gnode', true);

var node = gnodes.append('circle')           ◁─── 每组关联一个圆
    .data(graph.nodes)
    .attr("class", "node")
    .attr("r", 5)
    .style("fill", function(d)
       {
         if (d.guilty) {
          return 'red';}
         else if (d.indicted) {
          return 'orange';}
         return 'yellow'; })
    .call(force.drag);                         ◁─── 每组关联一个文本标签
gnodes.append("text")
    .attr("dx", 12)
    .attr("dy", ".35em")
    .text(function(d) { return d.name });
gnodes.attr("cx", function(d) { return d.x; })
        .attr("cy", function(d) { return d.y; })

.attr("transform", function(d)
    { return "translate(" + d.x + "," + d.y + ")"; });  ◁─── 标签放在圆右侧
```

现在该项的名称为有圆的文字，将其放置在图中圆的右边，结果如图 A.3 所示。

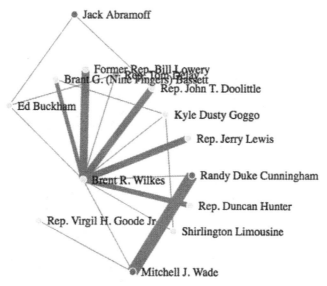

图 A.3 D3 中带结点标签的 Abramoff 图。注意，自动运行布局时 D3 不考虑标签长度会引起
      有文本覆盖其他标签

简要介绍了使用 D3 进行图形可视化。由于是底层库要求直接绘图，但它能非常灵活地
创建自定义交互，特别是相同数据的不同可视化方面。

A.3 小结

附录中，学到以下内容：

❏ D3 是一个功能强大的库，用于创建各种自定义的交互式可视化，不仅仅是图形可
  视化。

❏ D3 是一个低级库，在设计应用程序方面有很大灵活性，但需要编写大量源代码。

❏ D3 接受许多不同格式的数据，包括 JSON、XML 和 CSV。

❏ 力布局允许传递结点和链接的数组并自动对项执行力导向布局。

❏ 更深入理解 D3，请在浏览网站 d3js.org 和阅读书籍《D3.js 实践》。

视觉繁美

本书是信息可视化领域的经典著作,它通过对当今世界最有代表性的100多幅唯美、经典的可视化作品的深度分析向我们全方位展示了什么是复杂信息的可视化之美。它由世界顶级信息可视化专家和布道者撰写,《连线》杂志和《纽约时报》联袂推荐。不仅分析和展示了大量精美的可视化作品,内容广博、深刻、生动;而且还揭示了信息可视化在政治、经济、文化、社会、技术等各个领域中的重要作用。此外,本书还总结出了信息可视化的方法、模式和一些典型问题的解决方案。

信息可视化的艺术:信息可视化在英国

本书是信息可视化领域最具前瞻性的著作,是来自英国的多位可视化艺术家和设计师们的经验和智慧的结晶。介绍了信息可视化领域最新的发展和成就,探讨了信息可视化在大数据时代的作用和重要性,探讨了英国当代的信息设计先锋的创作如何受到可视化的影响,以及如何通过可视化这一媒介与大众社会建立联系。本书对英国近年来信息可视化领域的最先进的、最具代表性的实践进行了深度、全面的剖析,能给当代的信息工作者、艺术工作者、视觉文化研究者以及关注数字信息、科技与艺术现象的读者深刻而有价值的启发。

从伦敦到曼彻斯特,作者走访了英国最具代表性的信息可视化艺术家和设计师的工作室,以一对一深度访谈的形式,呈现了信息可视化在英国的实践和应用现状。本书由英国皇家艺术学院信息体验系主任Kevin Walker,伦敦大学歌德史密斯学院教授Brock Craft携手作序,囊括了包括《信息之美》的作者David McCandless、前BBC设计主管Max Gadney、世界最大新媒体艺术节之一FutureEverything电子艺术节的创始人Drew Hemment等领军人物的采访,并集中呈现了数据新闻、文学作品可视化、商业数据可视化、数据雕塑、音乐可视化等多种可视化风格和方向的作品。

Python数据可视化

R语言数据分析

R语言数据挖掘

机器学习与R语言实战

R语言
实用数据分析和可视化技术

实用数据分析

决策分析
以Excel为分析工具

游戏数据分析的艺术

数据挖掘核心
技术揭秘

推 荐 阅 读

大数据学习路线图：数据分析与挖掘

Hadoop大数据分析
与挖掘实战

Spark大数据分析实战

Splunk大数据分析

R与Hadoop大数据
分析实战

Python数据分析
与挖掘实战

大数据挖掘
系统方法与实例分析

MATLAB数据分析
与挖掘实战

R语言数据分析
与挖掘实战

R数据分析秘笈